MOLECULAR BIOLOGY
OF TUNG TREE

油桐

# 分子生物学研究

汪阳东 陈益存 姚小华 等 编著

中国林业出版社

◯ 三年桐的叶、果

◯ 千年桐的叶、果

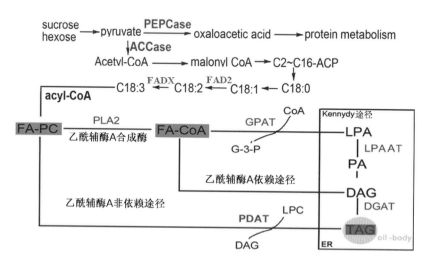

◯ 桐油脂肪酸及甘油三酯生物合成分子途径示意图（Weselake et al.,2005）

ACCase：乙酰辅酶A羧化酶；GPAT：3-磷酸甘油酰基转移酶；
LPAAT：溶血性磷脂酸酰基转移酶；DGAT：二酰甘油酰基转移酶。

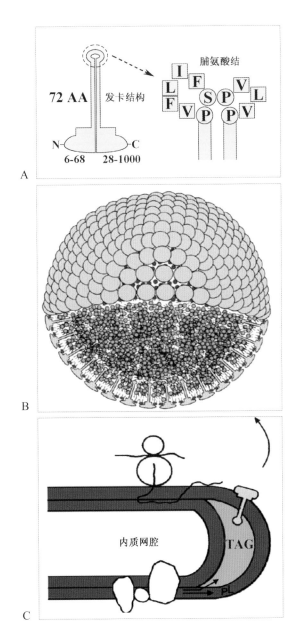

⌒ 油体结构特征示意图（Hsieh and Huang, 2003）

　　A. Oleosin存在两个疏水端和保守脯氨酸结（proline knot）−PX$_5$SPX$_3$P−，对Oleosin靶向结合在油体表面起重要作用（van Rooijen and Moloney, 1995）；

　　B. 油体是由磷脂单分子层及镶嵌的油体结合蛋白组成的"半单位"膜包裹着三酰甘油酯；

　　C. TAG以油体在内置网上合成并与Oleosin结合，最后通过胞膜释放出。

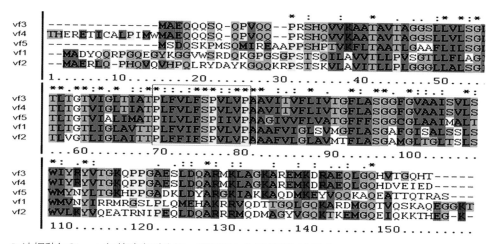

⋒ 油桐种仁Oleosin氨基酸序列分析，发现存在典型的脯氨酸结（proline knot）–PX₅SPX₃P–

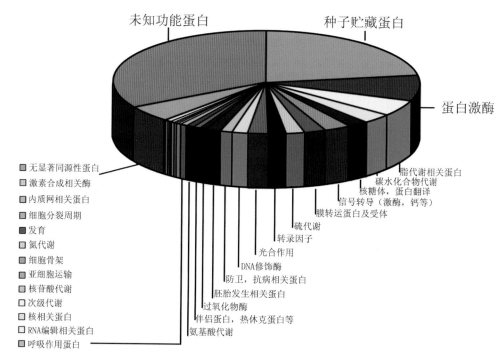

⋒ 油桐种仁文库测序获得的序列按照基因功能分类

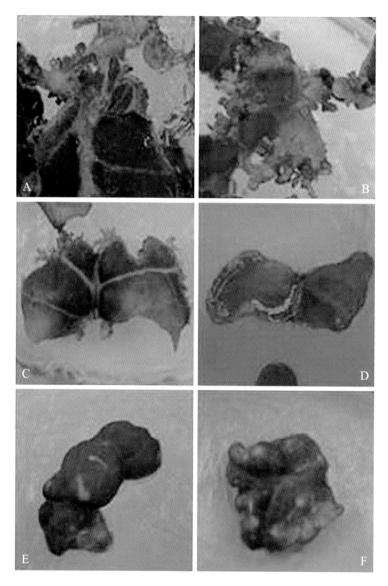

🎧 烟草未转化外植体的选择压力筛选

　　A. 0 mg/L Hyg；

　　B. 5 mg/L Hyg；

　　C. 10 mg/L Hyg；

　　D. 15 mg/L Hyg；

　　E. 20 mg/L Hyg；

　　F. 25 mg/L Hyg。

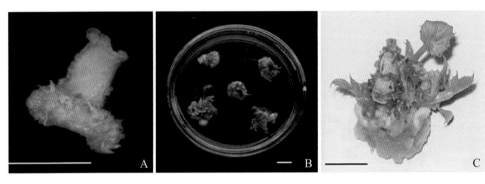

🎧 麻疯树子叶再生（Li et al.,2008）

　　A. 子叶直接诱导不定芽；B. 不定芽分化；C. 从伤口处长出不定芽。

　（注：图中短线代表长度为1cm。）

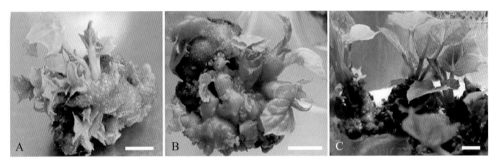

🎧 麻疯树叶盘植株再生（Deore et al.,2006）

　　A、B. 叶盘直接再生出不定芽；C. 不定芽的增殖与伸长。

　（注：图中短线代表长度为100mm。）

⋒ 油桐腋芽诱导及再生体系的建立

　　A. 不定芽诱导；B. 继代培养；C. 生根；D. 幼苗移栽。

⋒ 油桐子叶诱导不定芽

    A. 直接诱导分化出的畸形芽;

    B. 直接诱导分化出的正常芽;

    C. 间接诱导分化出的芽;

    D. 继代的幼苗。

# 前　言

　　油桐(*Vernicia fordii*)是一种原产我国的世界著名油料树种,其栽培、利用历史极其悠久。油桐在我国的分布范围极广,遍及四川、贵州、湖北、湖南、广西、陕西、河南、浙江、云南、福建、江西、广东、海南、安徽、江苏、台湾、重庆17个省(自治区、直辖市)及甘肃、山东南部的局部地区,跨越北亚热带、中亚热带、南亚热带及部分热带气候区,全国现有油桐林面积210多万公顷。

　　油桐具有很高的经济价值。油桐种子所生产的桐油,是一种性质优良的干性油,具有广泛用途。我国在20世纪70～90年代,十分重视油桐的生产和科研,在油桐种质资源收集、品种分类、良种选育、油桐繁殖、引种及关于油桐生物学研究等方面取得了很好的研究成果。但随着国际市场的变动,桐油价格急剧下降,导致国内的油桐资源和生产受到很大的影响。此后至今,油桐产业发展缓慢,虽然有些省份重新制定了油桐产业发展规划,但是油桐产业受重视的程度远远不及油茶、核桃等木本油料植物,以至于油桐的科研和生产停滞了一段时间。近些年,随着国际、国内市场对桐油优良特性的重新认识和工业用途的拓宽,桐油市场需求量逐年上升。尽管处于如此不利的大环境下,仍然还有若干科研工作者坚持油桐科研工作。编者所在单位中国林业科学研究院亚热带林业研究所自建所以来一直坚持油桐育种和栽培技术研究,近十年来在油桐分子育种方面开展了研究,并取得了一些重要进展。为了更好地深入开展油桐育种技术研究工作,编者在分析国内外相关领域研究进展的基础上,对所在团队前期研究工作进行了系统总结,撰写了此书。全书共包括四个章节,第一章是绪论,由占志勇和任华东负责编写,第二章油桐合成分子机制研究,由汪阳东和陈益存负责编写,第三章油桐分子标记育种基础研究，由陈益存和田胜平负责编写，第四章油桐组织培养与遗传转化，由韩小娇负责编写。全书由汪阳东、陈益存和姚小华统稿。

我国木本油料植物的分子育种研究正逐步进入良好发展的时期，但是依然存在产业需求和非模式植物特性复杂等新的挑战，我们总结过去，继往开来，也希冀得到更多同行的指导和支持。

编著者
2012 年 7 月

# 目　录

# 第一章 绪 论

## 第一节 主要工业用途的木本油料植物简介

在化石能源日益枯竭的今天，化石能源工业已不能全然提供工业发展的主要动力，世界各国正积极寻找新型的替代能源。生物质化工工业的崛起正适应新的发展趋势，随之而来的，具有工业用途的木本油料植物也会成为科研工作者们新的研究热点。本节在简要介绍生物质化工工业的基础之上，对其重要原始材料——木本油料植物做了简单的分类，并对我国木本油料植物的用途和资源分布做了简单说明。

### 一、生物质化工工业

1. 生物质化工的定义

生物质化工属于化工工业的一种，是指以生物质资源为原料的化工工业。随着人类社会文明的发展，工业的出现是社会生产分工的必然产物，同时工业的持续发展也促进了社会物质文明的飞速前进；它在国民经济中处于主导地位，是一个国家的技术水平和经济发展水平的直接体现。在过去的产业经济学中，根据产品单位体积的相对重量将工业分为重工业和轻工业（图1-1），而如今由于化工工业的出现，这一划分依据有了新的变化，对轻、重工业也有了新的定义。

重工业是指为国民经济各部门提供物质技术基础的主要生产资料的工业，按其生产性质和产品用途，分为三类：采掘（伐）工业、原材料工业以及加工工业；轻工业则是指主要提供生活消费品和制作手工工具的工业，按其所使用的原料不同，分为两类：以农产品为原料的工业和以非农产品为原料的轻工业。这种划分体系中，生物质化工工业就被糅合进去，分别体现在重工业的原料工业、加工工业，以及轻工业中，体现在日常生产、生活的方方面面当中，比如化工原料生产、生物柴油合成、生物发电、化学药品生产、日用化工产品、皮革制造、印刷

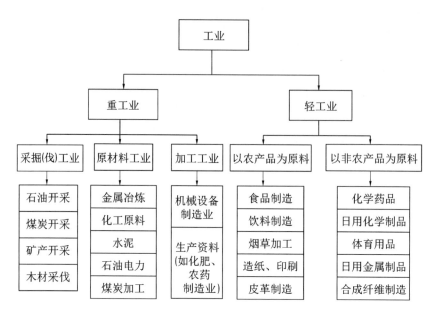

**图 1-1　先前化工工业的分布**

工业等等。

2. 生物质化工与生物质资源

人类在千年以前就已学会并掌握了利用生物质的化工技术，比如中国古代的造纸术和古埃及的木炭制造术(黄进等，2009)。在近代工业当中，随着以石油和煤等化石资源为原料的工业兴起之后，生物质化工工业逐渐被边缘化。这种情况直至21世纪才有所改变。21世纪，全球化石能源将逐渐枯竭，有专家指出：全球的煤炭储量约可采216年，天然气的储量则可以继续开采大约61年，石油则更少，只能开采40年左右。如此严峻的能源形势，迫使人们重新审视生物质化工工业的开发利用。

生物质资源作为生物质化工工业的原料，是其发展的基础。往往一种新的生物质资源的发现就能带动一个产业的发展。例如，18世纪以前，木材是世界主要消耗的一次性能源；19世纪下半叶，煤炭取代了木材的地位，在能源消费结构中居于主导地位，成为主要的消耗性能源；1965年，随着石油的利用，我们开始了所谓的"石油时代"。到了21世纪，能源问题以其严重性和迫切性成为人类需要关注的首要问题，同时引起世界各国的极大重视。调整和改变传统能源消费结构已是势在必行，发展生物柴油、燃料乙醇等新型生物能源来逐渐取代石油、煤炭等矿物能源的趋势不可逆转，因此，生物质化工工业新的发展必然要求重新对生物质资源的搜集和保存加以重视。木本油料植物作为生物质资源的一大主体部分，在生物质化工工业中的作用越来越明显，也因此受到社会各界越来越多的关注。在这个大环境下，本书作者在从事木本油料植物——油桐多年研究的基础之上，对目前油桐的分子生物学研究进展进行简单介绍。

## 二、木本油料植物的分类

在21世纪，人们眼中最常出现的词语肯定是能源危机与环境破坏，这是一个老生常谈的话题，她对人类的重要性在这里不再赘述，毕竟现在解决办法才是最受关心的。针对这一问题，许多国家和地区都提出了发展无环境危害的生物替代能源计划，比如巴西的燃料乙醇计划、美国的先进能源计划和欧盟的高效型能源计划，都旨在寻找一个合适而有效的办法解决目前日益严峻的化石能源枯竭与环境破坏等严重问题。中国是一个人口众多的国家，并且还是一个在快速发展的国家，其工业生产和民众的日常生活对能源的需求量很大，因此能源危机问题也是制约国家发展和人民生活水平提高的关键因素。国家的科研规划也日益侧重于提倡大力发展生物质能源，在这个大的方针政策下，我国对木本油料植物的关注程度也日益提高。

木本油料植物作为最受关注的生物质资源之一，具有极其重要的用途。根据加工后产物的主要用途，木本油料植物可以分为食品用木本油料植物和工业用木本油料植物两大类。作为食用的木本油料树种主要有油茶、棕榈、橄榄等；而来自工业用途木本油料树种的植物油脂用途极广，是肥皂、油漆、油墨、橡胶、制革、纺织、润滑油、合成树脂、化妆品及医药等工业品的主要原料，这一类的木本油料树种主要有油桐、麻疯树、光皮树、黄连木等。

## 三、木本油料植物的利用价值

### 1. 木本油料植物与生物能源

生物能源是指通过植物光合作用，把太阳能转变成有机物而储存的能量，包括各种能源植物、沼气、生物柴油、燃料乙醇、农作物秸秆、城乡有机垃圾、工农业废水等（樊金栓，2008）。目前主要发展的生物能源有燃料乙醇、生物柴油等。木本油料植物作为能源植物的主要组成部分，是发展生物能源的主体，是一类可再生型的能源树种，是生产生物柴油和燃料乙醇等生物能源的主要原料，具有极高的经济价值，同时又不会造成环境破坏。

生物柴油是以动、植物油脂及废弃的食用油等作为原料，与醇类经过酯化反应制成，能达到国家0#柴油标准（GB252-2000），是一种可代替石化柴油的再生性柴油原料，具有良好的稳定性、优良的环保特性和燃料性能。虽然我国的生物柴油研究与开发起步较晚，但原料资源十分丰富，发展速度很快。中国幅员辽阔，地域跨度大，水热资源分布各异，能源植物资源种类丰富多样，主要有大戟科、樟科、桃金娘科、夹竹桃科、菊科、豆科、山茱萸科、大风子科和萝藦科等。这些丰富的油料能源树种资源每年能为我国提供大约 30 万 t 的生物柴油。在此基础之上，我国的一些科研单位，如中国科学院、中国林业科学研究院、辽宁省能源研究所以及湖南省林业科学院（赵晨等，2006）等，对其分布、选择、培育、遗传改良，以及生物柴油的加工工艺和设备等方面都做了不同程度的研究，以期望能提高其产量，并取得了一定的成果。有文章报道，在国内现有的宜林荒地和边缘性难以利用的土地中，有适宜种植小桐子的干热河谷地 200 万 hm$^2$，一般种植 3 年后，每公顷每年产果达到 6 t 以上；在南方和华北地区有适宜发展黄连木、油桐、光皮树、乌桕、山桐子的荒山地 400 万 hm$^2$，每公顷每年可产果实 3t 以上；在三北地区有适宜发展文冠果、沙棘的荒地约 3000 万 hm$^2$，每年每公顷可产果实 2 t 以上，只要有充足的资金保障，我国的生物柴油产量将会持续增高，具有持久充足的发展动力（孙城等，2007）。

2. 木本油料植物与食品、医药、化工产业

木本油脂是由一分子甘油和三分子高级脂肪酸形成的酯类物质，富含油酸、亚油酸、亚麻酸等不饱和脂肪酸，其中的亚油酸、亚麻酸是细胞构成的必需物质，既参与人体代谢过程，又是人体内不能合成的，因此具有特殊的营养价值。例如，从油茶中提炼出的茶油，其低温凝固点和碘价都比较低，比其他烹饪食用油有更高的营养价值和更佳的风味。除此之外，茶油中的不饱和脂肪酸含量占总脂肪酸含量的 90%，其中油酸含量更是高达 83% 左右（黎先胜，2005）。油酸能够帮助人体降低胆固醇，防止心血管疾病的发生，对由于胆固醇浓度过高引起的动脉硬化及动脉硬化并发症、高血压、心脏病、心力衰竭、肾衰竭、脑溢血等疾病均有非常明显的防治功效；同时还能够改善消化系统，防止大脑衰老，并且对一些类型的恶性肿瘤如前列腺癌、乳腺癌、肠癌和食道癌有抑制作用。目前在精制茶油的过程中，已开发出具有优良保健功能的副产品油酸软胶囊。现在市场上从国外进口的橄榄油也含有较高的油酸，除了具有上述的食用价值和营养价值之外，还能够用来生产护肤品，具有护肤、除皱、护发及减肥等功效。

在化工产业上，石山樟、阴香、山胡椒等树种含有 70% 以上的葵酸和月桂酸，是制作香精的理想原料，而且具有多泡沫的特点和去污能力，是生产牙膏等日用品不可或缺的原料（龙秀琴，2003a）；梧桐、山乌桕和黄连木等是制皂的理想原料；花生烯酸含量高的无患子科植物，如毛叶栾树、茶条木等可用作生产增塑剂和尼龙的原料；油桐中提炼出来的桐油含桐酸达 77% 以上，具有易氧化、

干燥快等特性，所成的油膜光亮持久，是理想的天然油漆生产原料，也是生产天然油脂漆和天然树脂漆的主要原料；桐油加沥青可用于涂覆高压电缆和变压器中的各种绝缘带，桐油和生漆的混合漆还能用于涂刷电器中的包线。

3. 发展木本油料植物的重大意义

我国地大物博，木本植物资源丰富，还有很多未被发现的具有可利用价值的油料植物藏身于茫茫的大山之中，所以木本油料植物的开发利用具有巨大的潜在前景。同时，发展木本油料植物生产还具有重大的意义。一是在能源日益枯竭的今天，发展能代替石化能源的生物能源，是解决能源危机的有效途径，有利于维持和保障我国的能源自给独立性，有利于维持社会稳定和国家安全。二是木本油脂具有良好的营养价值和保健价值，对人体健康具有重要的功能，是一种重要的天然无公害的有机食品。三是木本油料植物是食品、医药和化工产业的重要原料。这三点共同决定了发展木本油料植物是满足日益增长的市场需求的必然要求。

## 四、中国木本油料树种的资源分布

中国幅员辽阔，地域跨度大，能源植物资源种类丰富多样，分布各异。中国现已查明的能源油料植物（种子植物）种类为151科697属1553种，占全国种子植物的5%。中国现有木本植物约8000多种，引进1000多种，其中含油量15%以上的油料树种约1000种，含油量在20%以上的约300多种。研究人员曾就适合作为生产生物柴油的木本油料树种进行了一次简单的筛选，得出有53种树种（分布于28科43属）可用来作为生产生物柴油的原料（罗艳和刘梅，2007），其具体结果这里就不一一介绍。目前，我国主要利用的具有较高开发价值的木本油料植物如光皮树、文冠果、麻疯树、黄连木、油茶、乌桕、油桐等，有的含油量甚至高于79%。

1. 光皮树

光皮树（Swida wilsoniana）是我国重要的生态经济树种和优良的木本油料树种，它又名油树、狗骨木、光皮梾木、斑皮抽水树等，在植物分类学上属于山茱萸科梾木属（谢风等，2009）。在中国，光皮树自古以来，就是作为食用的木本油料树种而存在。长时间食用光皮树油可以帮助降低胆固醇，防治高血脂症；随着对光皮树研究的加深，目前发现光皮树油还可以作为生产生物柴油的制备原料。由光皮树油制备而来的生物柴油，其燃烧特性和动力性能接近0#柴油，是一种优良的代用燃料。除此之外，光皮树由于树形秀丽，枝繁叶茂，抗病虫害能力强，寿命较长（超过200年以上），可作为一种优良的绿化树种而使用。目前，我国对光皮树的研究还不够深入，且多集中在生物学特性、栽培技术及开发利用等宏观方面，直至李昌珠(2009)等人建立了适合光皮树的 ISSR 反应体系，才打破这一局限，但这并不影响光皮树本身所具有的广阔开发利用前景。

光皮树广泛分布在我国黄河以南的地区，集中分布在长江流域至西南各地的石灰岩区(李昌珠等，2010)，垂直分布范围为海拔 1000m 以下。光皮树具有较高的生态适应性，是一种深根性树种，具有萌芽力强、速生等特点(申爱荣等，2010)。光皮树喜光，耐寒，喜深厚、肥沃而湿润的土壤，在酸性土及石灰岩土中生长良好。光皮树幼年时树皮呈绿色或紫红色，4~5 年生时树皮开始脱落，形成紫红色和灰白带绿色光滑斑块。单叶对生，羽状叶脉，全缘，落叶，叶纸质，椭圆形或者卵状椭圆形，长 5~12cm，宽 2.0~5.5cm。初夏开白色或淡黄色花，花两性，果球形，径 5~7mm，黑色或紫黑色，花期 4~5 月(谢风等，2009)。实生苗造林一般 5~7 年结果，嫁接苗一般 2~3 年结果，产量高。9~11月结果，成熟后果实呈紫黑色(王遂义，1994)。光皮树油不仅可以食用，还能作为生产生物柴油的原料，具有较高的经济利用价值。光皮树盛果期每株大树平均产油 1~25kg(李昌珠等，2009)，干全果含油率 30%~36%，果肉含油率高达52.9%，果核(种子)含油率 13%~17%，种仁含油脂 16.09%。光皮树的油脂脂肪酸中含有 27.9% 油酸，39.7% 的亚油酸、23.9% 的棕榈酸和 3.2% 亚麻酸(曾虹燕等，2004；彭红等，2010)。对光皮树果实不同部位的含油率和组分进行研究发现，光皮树的果肉、种核和种仁中均含有亚油酸、油酸、棕榈、硬脂酸和花生酸，只是相对含量不同(图 1-2)(肖志红等，2009)。对光皮树果实的数量性状变异研究发现，在 21 株光皮树优树果肉中含油量的变异幅度为 26.35%~56.88%，种子中的含油量变异幅度则为 11.77%~19.83%(戴萍等，2010)。而研究不同的提油方法对制取光皮树油的影响时发现，纤维素酶和中性蛋白酶复合提油的提油率较高，并且提出来的油清亮无杂质，具有较好的流动性(申爱荣等，2010)。

2. 文冠果

文冠果(*Xanthoceras sorbifolia*)，又名文冠树、文官果、土木瓜、木瓜等，属于无患子科文冠果属，1 属 1 种，是中国特有的珍稀木本生物质能源树种。目前，我国对文冠果的研究多集中在果实性状、产量特征以及文冠果油的提取加工工艺方面。有研究对文冠果的种子性状数量指标包括种粒长度、种粒直径和质量、种皮质量、种仁质量等进行了测试，并研究了各性状之间的相关性(侯元凯等，2011a)。水酶法是一种新兴的油脂提取工艺，具有无溶剂残留、得油率高、能耗低等优点。邓红(2011)等人优化了文冠果果仁水酶法提取相关条件，最后在

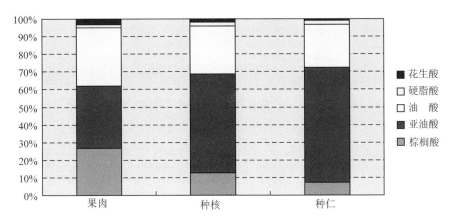

**图 1-2 光皮树果实不同部位脂肪酸含量变化**

最佳条件下的文冠果油提取率达到了 81.6%。侯元凯(2011b)认为，由于我国文冠果缺少良种，并且对已有文冠果林经营粗放，造成各地的文冠果单株产量和单位面积产量均比较低下，使得人们对种植文冠果的积极性不是很高。即便如此，文冠果本身仍然具有极高的经济利用价值。文冠果油的碳链长度主要集中在 $C_{17} \sim C_{19}$ 之间，这一长度与普通柴油主要成分相同的碳链长度极为相似，可用来作为生产生物柴油的原料油使用(汪智军等，2011；牟洪香，2006)。同时，文冠果油具有较高的油酸和亚油酸含量，可以作为食用油来使用，具有可降低人体胆固醇的保健功能。除此之外，文冠果是荒山绿化、保持水土、防风固沙的重要绿化树种之一，是集食用、药用和工业用途于一身的优良树种(杨雨春等，2011)。

文冠果分布于中国北方大部分地区，包括华北、华东及西北地区，沟壑纵横的黄土高原是文冠果分布最为集中的地区(刘波等，2011；牟洪香等，2008；杨雨春等，2011)，而目前现存的文冠果资源(含天然次生林、人工林)则主要分布在华北及西北地区的 14 个省、自治区、直辖市(王一等，2011)。文冠果为落叶小乔木，树高可达 8m 以上，胸径 3cm 以上，树皮灰褐色，扭曲状纵裂。果实黄白色，表面粗糙，内含 8 ~ 10 粒种子，花期 4 ~ 5 月，果实成熟期 7 ~ 8 月。文冠果在土层深厚肥沃的土地上生长快，2 ~ 3 年生可开花结实，5 年生挂果率达 95%，30 ~ 60 年生单株可产种子 15 ~ 30kg，根系发达，病虫害较少。它具有耐寒、耐旱、耐贫瘠、适应性强，对土壤条件要求不高等特点，是我国北方特有的优良木本油料树种。文冠果果实含油率为 30.4%，去壳后种仁含油率高达 66.3%，文冠果中不饱和脂肪酸含量高达 94%，其中亚油酸占 36.9%，油酸占 57.16%，均为人体必需脂肪酸。亚油酸具有降低人体胆固醇的作用，长期服用有利于心血管病和高血脂病的防治(李招娣等，2008)，易被人体消化吸收，素有

"北方油茶"之称,作为生物柴油原料的发展潜力极大。

3. 麻疯树

麻疯树(*Jatropha curcas*)原产美洲,又名假花生、臭油桐、小桐子、桐油树等,是大戟科麻疯树属落叶灌木或小乔木。麻疯树生长力强,有多种用途:首先麻疯树的种子含油率达40%,可以直接用来生产生物柴油(张彪等,2011),目前已被联合国列入可再生资源、生态保护建设和扶贫的重点支撑树种;其次,麻疯树还是一种重要的药用植物,它全株都可入药,性味涩、微寒、有毒(张小强等,2011),具有治疗关节挫伤、创伤出血、清热解毒、消肿散瘀(江苏新医学院,1985)等功效;最后,麻疯树还是我国干热河谷地区的一种优良的造林树种,具有广阔的开发前景(林娟等,2004)。我国对麻疯树的研究主要集中在麻疯树油的提取制造工艺(刘守庆等,2011)、结实特性研究(费世民等,2011;陈喜英等,2011)、组培苗的培育(刘均利等,2011)以及榨油副产物的深加工(刘书好等,2011;马博等,2011)、麻疯树组织内含物的测定(张小强等,2011)等方面。对麻疯树的微观水平研究则以中国科学院植物研究所的沈世华最为全面,他主要研究麻疯树的不同发育时期,其种子蛋白质的表达差异变化。在用麻疯树籽油制取生物柴油工艺方面,刘守庆等(2011)研究了在用乙醇钠作为催化剂的条件下,麻疯树籽油与乙醇进行酯化反应的最佳条件,使得最终的转化效率高达89.28%。麻疯树自身的生理特性研究(焦娟玉,2011)显示在氮肥和水分充足的条件下,光合作用和麻疯树叶片自身的含氮量呈现增加的趋势,并且这个趋势在田间持水量为80%的时候达到最大值。对西南地区天然麻疯树种群遗传多样性研究(张炜等,2011)发现:麻疯树天然种群具有较低的遗传分化、较高的基因流,种内及种群内多样性丰富,对麻疯树优良品种的选育有着良好的遗传基础。

麻疯树树高3~6m,枝条粗壮,茎、叶、皮均有丰富的白色乳汁,内含大量的毒蛋白,多为药用栽培植物及工业能源树种。据报道,全世界的麻疯树共约200种,主要分布在美洲、非洲和亚洲热带地区,如美洲的巴西、洪都拉斯、牙买加、巴拿马等国,澳大利亚的昆士兰等(张彪等,2011);而在中国则广泛分布于亚热带及干热河谷地区,在广东、广西、福建、云南、贵州和台湾等地有半野生或栽培。麻疯树是国际上研究最多的可生产生物柴油的能源植物之一(武志杰和宗文君,2007)。麻疯树为喜光植物,生活于海拔300~1800m的温暖无霜地区,年降水量在600~1000mm(云南省植物研究所,1996)。在中国的亚热带地区栽培的麻疯树一年开花结实2次,第一次4~5月开花,7~8月果熟;第二次7~8月开花,11~12月果熟,以第一次产量为主,约占75%。种子黑色,形似蓖麻籽,含油量35.51%,粗蛋白15.49%,粗纤维21.59%,总糖11.12%(广西中医研究所，1986），而在种仁则分别为 46% ~ 58%，20% ~ 28%，4.1% ~ 4.9% 和 1.6% ~ 2.9%（敖新宇等，2011）。麻疯树种子油成分及化学特性与柴油非常相似，能直接与柴油、汽油混合，具有极高的开发潜力（武志杰和宗文君，2007）。

4. 黄连木

自然界中漆树科黄连木属植物有中国黄连木（*Pistacia chinensis*）、大西洋黄连木（*P. atlantica*）、黑黄连木（*P. terebinthus*）、德克萨斯黄连木（*P. texana*）等 9 个种和 1 个变种（秦飞等，2007），在中国仅有 1 种黄连木，也就是我们日常所说的黄连木——中国黄连木。黄连木是一种多年生木本油料植物，是优良的能源树种，在我国有较大面积的种植和野生分布，资源十分丰富（王荣国，2011）。黄连木用途广泛，可材用、药用、油料及观赏等。对黄连木的研究多集中在生长特性研究（黄春晖，2011；齐昆等，2011）、化学成分分析（董晓宁等，2010）、遗传多样性（王超等，2010）、抗性（冯献宾等，2011a，2011b）、制取生物柴油（李宜海等，2010）等方面，并取得了一定的成果。在人工培养的条件下，对影响黄连木花粉萌发的影响因素进行试验研究发现，蔗糖浓度对黄连木花粉萌发的影响最大，其次是培养时间、硼酸浓度，培养温度的影响最小，在最优化条件下，其花粉萌发率能达到 90% 以上（袁国军，2011）。研究了野生黄连木幼苗叶片在不同的郁闭度情况下，其光合作用和水分变化过程（李春友等，2011）。对黄连木育苗方法进行研究显示，黄连木育苗的最佳时机是种子采收后立即进行催芽育苗的效果最好，育苗成活率高（黄春晖，2011）。

黄连木是落叶乔木，高可达 30m，树冠广阔，树皮粗糙，灰褐色。叶幼时有毛，后变得光滑，仅两面的主脉有柔毛；花单生，雌雄异株，雄花淡绿色，雌花紫红色；核果，有小尖头，初为黄白色，后变为红色或蓝紫色（中国树木志编委会，1978）。黄连木是温带树种，喜光、畏惧严寒，北方多生长于避风向阳之地。深根性树种，多分布于海拔 600 ~ 2000m 之间的阳坡和半阳坡，对土壤要求不严，耐干旱瘠薄，微酸性、中性和微碱性的砂质、黏质土均能适应生长。黄连木在我国的分布广泛，北自黄河流域的河北、山西、山东、河南、安徽，南至珠江流域的广西、广东，西至甘肃、陕西、四川、云南，东至福建、台湾等都有野生分布和栽培（王荣国，2011）。在黄连木果实发育过程中，脂肪、可溶性蛋白质含量初期增长缓慢，随着种仁的充实，二者迅速增加，果实成熟期脂肪含量达到 41.96%，可溶性蛋白质含量达到 9.04mg/g；说明果实在发育初期，光合产物主要以可溶性糖和淀粉的形式保存积累，至中后期则大多转化为脂肪和蛋白质（齐昆等，2011）。黄连木作为我国主要的木本油料树种之一，种子含油率为

42.46%，其脂肪酸由 0.3% 的肉豆蔻酸、15.6% 的棕榈酸、0.9% 的硬脂酸、1.2% 的十六碳烯酸、51.6% 的油酸、28.3% 的亚油酸、2.1% 的亚麻酸组成（钱建军等，2000），可用于食用和油脂工业，制造润滑油和肥皂等产品。

### 5. 油茶

油茶（*Camellia oleifera*）属大戟科油茶属植物，常绿小乔木或灌木，是中国所特有的木本食用油料树种，在我国有悠久的栽培历史，与油桐、乌桕和核桃并称我国四大木本油料植物（王斌等，2011）。同时油茶是一种主根发达的深根性常绿树种，其保持水土、涵养水源能力强，是优良的荒山绿化和水土保持树种（胡玉玲等，2011）；油茶抗污染能力强，花朵艳丽，花期长，具有很高的观赏价值；油茶作为长寿树种，一次种植，百年收益（陈素传和肖正东，2010）。例如，油茶籽油富含不饱和脂肪酸，是非常保健的优质食用油；也可作为生产生物柴油的重要原料；同时经过榨油之后的饼粕，也富含多种有效成分，其中的茶皂素含量非常丰富，是一种纯天然的非离子型表面活性剂，同时还具有消炎、镇痛等功效（夏辉和田呈瑞，2007）。并通过 HPLC 方法对油茶饼粕中黄酮苷类化合物的分离与结构鉴定（陈红霞等，2011）。除了对油茶内含物的提取和分离研究（刘存存等，2011）之外，油茶研究主要集中在生长发育特性（胡玉玲等，2011；许鹏波和薛立，2011；饶成等，2011）、制油、茶油化学组成分析研究（程军勇等，2010；袁德义等，2011）。在油茶无性繁殖方面，嫁接苗与对照实生苗的各项生理生化指标差异很大（冯金玲等，2011），嫁接苗的死亡率在嫁接后的 16d 达到最高；对组培苗的转化体系研究表明，NAA 促进了幼胚再生苗的形成，并找到了针对油茶子叶胚性愈伤组织诱导的和分化培养基（范晓明等，2011）。在对油茶林的管理上，有研究表明：对油茶林进行间种能有效改善林地土壤理化性质及提高幼林生长量，并且指明间种红薯为油茶林最佳的间种方式（王瑞等，2011）。

中国的油茶栽培已有 2300 多年的历史，主要分布在我国的长江流域以及以南地区，位于中南部的 18 个省、自治区及直辖市（庄瑞林，2008），栽培面积约有 400hm$^2$。油茶喜温暖，突然的低温或者晚霜会造成油茶落花、落果。油茶生长要求有较充足的阳光，否则只长叶、结果少；除此之外，还要求有充足的水分，年降水量一般要求在 1000mm 以上，但如果在花期碰到长期降雨则会影响授粉；对土壤要求不甚严格，一般适宜在土层深厚的酸性土上种植，不适于石块较多和土质坚硬的地方。油茶树高 4~6m，一般 2~3m，树皮淡褐色，光滑，叶革质，椭圆形或者卵椭圆形，边缘有细细的锯齿；花白色，两性花；果多为球形、扁圆形和橄榄形，内含种子；种子为茶褐色或黑色，三角状，有光泽。茶油中的不饱和酸占总成分的 90% 左右，且以油酸为主，一般为 80%（王渊等，2011）。

医学研究中证实茶油的品质要明显优于花生油和菜籽油，茶油中含有的茶多酚对降低胆固醇和抗癌有明显疗效，由于其在脂肪酸的组成上类似于橄榄油，故有"东方橄榄油"的美誉(庄瑞林，2008；张可等，2003)。

　　6. 乌桕

　　乌桕(*Sapium sebiferum*)为大戟科乌桕属植物。乌桕属植物资源十分丰富，全世界已发现120种以上，但原产我国的仅有10个种，其中只有1个种广为栽培。乌桕别名众多，如蜡树、蜡子树等等，是我国亚热带重要的油料树种，广泛应用于园林绿化中，集观形、观色叶、观果于一体，具有极高的观赏价值(张良波等，2011)。对乌桕的研究主要集中在乌桕的各地区育苗造林技术研究、生理变化过程、组培技术、遗传变异多样性研究、分子基础研究、化学成分分析、制备生物柴油以及盐胁迫等逆机理方面。随着乌桕的利用价值越来越受到人们的关注，其针对不同地区的育苗造林技术研究已陆续开展，针对湖南的生长环境，提出了适宜在湖南乌桕造林的高产育苗技术(张良波等，2011)。乌桕在入秋之后叶色开始发生变化，一种变为黄色，一种变为红色；对这两种叶色变化进行研究发现：不管哪种叶色变化，在入秋之后叶绿素含量开始降解，总叶绿素含量和叶绿素a含量显著降低；黄色系秋叶中类胡萝卜素含量大幅度升高，而红色系秋叶中花色素苷合成加快，其含量升高(倪竞德等，2011)。在分子基础研究方面，主要集中乌桕基因组DNA的提取(张帅等，2010)以及SRAP分子标记(彭婵等，2010)。通过GC-MS技术分析了5种乌桕籽油主要脂肪酸成分(靳丽等，2010)，实验结果表明5种不同产地的乌桕籽油主要脂肪酸成分为：葵二烯酸、棕榈酸(十六烷酸)、亚油酸(十八碳二烯酸)、十八碳三烯酸、十八碳单烯酸(油酸)和十八烷酸(硬脂酸)。利用乌桕梓油制备生物柴油，国内已有初步研究报道，但目前，针对乌桕脂来生产生物柴油也开始进行研究(黄瑛等，2010)。在乌桕组培研究方面，早已建立好乌桕的植株再生体系(蒋祥娥等，2010)，同时有研究人员针对乌桕不同外植体的再生高效性进行过试验(陈颖等，2010)。

　　乌桕喜光，喜温暖气候及深厚肥沃而水分丰富的土壤，耐寒性不强。乌桕原产我国，分布甚广，主要分布在江苏、浙江、福建、台湾、广东、广西、海南、安徽、江西、湖北、湖南和贵州等地(杨志斌等，2010)。乌桕是一种乔木，树高可达15m，树皮暗灰色，有纵状的裂纹；叶纸质，菱形，顶端骤然紧缩具长短不等的尖头；花单性，雌雄同株，雌花通常生于花序轴最下部或罕有，在雌花下部亦有少数雄花着生，雄花生于花序轴的上部或有时整个花序全为雄花；果为球形，成熟时为黑色，具3个种子；种子扁球形，黑色，长约8mm，宽6~7mm，外被白色蜡质的假种皮。乌桕种子既含油又含脂。用种子外被的蜡层榨出的固体脂叫皮油；用种仁榨出的液体油叫梓油，又称清油；二者混合称为毛油(刘火安和姚波，2010)。皮油所含的脂肪酸成分主要为棕榈酸和油酸，富含特定结构的棕榈酸-油酸-棕榈酸三磷酸甘油酯，其性质与天然可可脂近似，是制取类可可脂的理想原料，可作为可可脂的高级天然代用品，具有巨大的应用前景。梓油是一种干性油，所含脂肪酸成分主要为亚油酸、油酸和亚麻酸，可代替桐油，作为油漆、油墨工业的重要原料。乌桕脂的相关数据见表1-1。

**表1-1　乌桕脂的相关数据**(黄瑛等，2010)

| 乌桕脂的脂肪酸组成 | | 乌桕脂的理化性质 | |
|---|---|---|---|
| 脂肪酸成分 | 测定值/% | 性质参数 | 测定值 |
| 棕榈酸($C_{16:0}$) | 67.69 | 密度($g/cm^3$) | 0.907 |
| 硬脂酸($C_{18:0}$) | 2.32 | 熔点(℃) | 43 |
| 油　酸($C_{18:1}$) | 28.49 | 皂化值(mgKOH/g) | 219.1 |
| 亚油酸($C_{18:2}$) | 1.2 | 酸价(mgKOH/g) | 17.5 |
| 亚麻酸($C_{18:3}$) | 0.3 | 总脂肪酸含量(%) | 97.48 |
| | | 平均分子量 | 833.5 |

# 第二节　油桐资源和用途

油桐(*Vernicia fordii*)是原产于我国的世界著名油料树种，有着极其悠久的栽培、利用历史。从油桐种子中提炼而出的桐油，是一种性质优良的干性油，是重要的工业用油。20世纪70～90年代，我国一直对油桐的生产有较高的重视，已有关于油桐多方面的研究报道面世，比如油桐种质资源的品种分类(蔡金标等，1997；凌麓山等，1991a、1991b)、优良品种选育(刘翠峰等，1996；周祖平等，1993；康庚生等，1990；吕平会等，1993)、油桐繁殖(龚榜初和蔡金标，1996；陈爱芬，2004；刘益兴等，2010)、引种(隆振雄，1996)以及关于油桐生物学性状的相关分析(涂炳坤等，1994；陈斐，1998a、1998b；陈斐和林家彬，1998；夏道鸿和卢龙高，1992)等。但随着国际市场的变动，桐油价格急剧下降，导致国内的油桐资源和生产受到很大的影响，目前受重视的程度远远不及其他几种木本油料植物，以至于油桐的科研和生产停滞了一段时间。进入21世纪后，油桐在分子方面的基础研究工作才开始。关于油桐叶片DNA的提取(吴开云等，1998)、RNA的提取(汪阳东等，2007)、油桐品种RAPD扩增(吴开云等，1998)和ISSR-PCR扩增体系的建立(李鹏等，2008)已有报道。同时，还对控制油桐开花启动过程的主控基因 LEAFY（李建安等，2008）和油桐油体蛋白基因进行了克隆和分析（龙红旭等，2010）。尽管处在如此不利的大环境下，但桐油是一种具有优良特性的干性油，其自身的经济利用价值仍然还在，并没有受到影响，仍然还有许许多多的科研工作者在坚持油桐科研，作为他们其中的普通一员，笔者相信有一天油桐仍然会再度迎来新的春天。

## 一、油桐资源分布

### 1. 中国油桐资源分布

油桐是我国特有的工业油料树种，栽培历史约有 2300 年，现在世界各地所栽培的油桐皆源出我国（戴益源，1999）。广义上的油桐是大戟科油桐属植物的统称，包括油桐（*Vernicia fordii*）（又名三年桐）、千年桐（*V. montana*）（又名皱桐）和日本油桐（*V. cordata*），由于千年桐为雌雄异株，栽培品种甚少，而日本油桐大多分布在日本，故日常所说之油桐狭义上泛指三年桐（下文中油桐均指三年桐，如是千年桐会特别指明）。在第一次全国林业工作会议上油桐就被选为重点发展的造林树种之一。到了 20 世纪 80 年代中期，全国油桐的造林面积已有 180 万 km²，桐油产量占世界总产量的 70% ~80%。其他国家产量依次为阿根廷、巴拉圭、巴西等（黄挺，2001）。在这期间共整理出 184 个油桐品种资源，共评选出 71 个油桐主栽品种（黄挺，2001），包括六大品种群，即对年桐品种群、小米桐品种群、大米桐品种群、柿饼桐品种群、窄冠桐品种群和柴桐品种群（谭晓风，2006）。

三年桐及千年桐在我国的分布范围极广，遍及四川、贵州、湖北、湖南、广西、陕西、河南、浙江、云南、福建、江西、广东、海南、安徽、江苏、台湾、重庆 17 个省（自治区、直辖市）及甘肃、山东南部的局部地区，其中四川、贵州、湖南、湖北是油桐种植的四大地区（黄福长，2011），全分布区面积共约 210 万 km²，跨越北亚热带、中亚热带、南亚热带及部分热带气候区。其分布的地域范围为：西自青藏高原横断山脉大雪山以东；东至华东沿海丘陵及台湾等沿海岛屿；南起海南、华南沿海丘陵及云贵高原；北抵秦岭南坡中山、低山和伏牛山及其以南广阔地带（张玲玲和彭俊华，2011）。

（1）四川

四川位于我国的西南地区、长江的上游，包括三大气候区：四川盆地中亚热带湿润气候区（该区全年温暖湿润，冬暖夏热，降水量充沛）、川西南山地亚热带半湿润气候区（该区全年气候较高，四季不明显但干湿季明显）和川西北高山高原高寒气候区（该区海拔高差大，气候立体变化明显）。四川在 20 世纪 80 ~ 90

年代，其油桐产量位居全国第一。四川有着丰富的油桐品种资源，主要分为7个油桐品种（谭晓风等，1992）：小米桐、大米桐、柿饼桐、柴桐、立枝桐、葫芦桐和葡萄桐。三年桐为喜温暖湿润、畏严寒的中亚热带树种，水平分布的地理位置主要在川西南山地和四川盆地以南。可以分为三大栽培区：中心栽培区，在乌江和渠江以东；一般栽培区，在涪江、乌江以西；边缘栽培区，在小相岭、锦屏山、白灵山以东，大相岭、大凉山以西，为横断山东缘山地。油桐林的经营方式多种多样的，但在全省范围内三年桐主要采取的是桐—农间作或者桐—粮混作的经营方式（胡庭兴等，1996）。在四川，千年桐主要以零星种植为主。

（2）贵州

贵州位于中国西南的东南部，地貌主要为高原、山地、丘陵和盆地。贵州的气候温暖湿润，为亚热带湿润性季风气候。气温变化小、冬暖夏凉、降水量充沛、土壤深厚，夏季多雨，常年相对湿度在70%以上，是油桐最适生的地区之一（谭方友，1988）。贵州中部及东部广大地区为湿润性常绿阔叶林带，以黄壤为主；西南部为偏干性常绿阔叶林带，以红壤为主；西北部为具北亚热带成分的常绿阔叶林带，多为黄棕壤。贵州是油桐大省，1999年贵州油桐籽产量为全国总产量的25.33%，居于全国第一。并且贵州桐油含桐酸最高，杂质少，以油质最佳而驰名国内外（谭方友，1988；邓惠群，1993）。2000年贵州油桐产量调查数据显示：贵州西南油桐产量占据全省产量的42.6%，其次是贵州南、铜仁和贵州东南（龙秀琴等，2003b）。贵州的油桐科研人员以贵州油桐的生育特性、树形高矮、分枝习性等特点作为主要依据，将省内油桐分为7个农家品种：对年桐、小米桐、垂枝桐（蓑衣桐）、大米桐、柿饼桐、漆树桐（窄冠桐）和裂皮桐（蛇皮桐），其中对年桐、小米桐、大米桐是主要分布品种。目前，贵州已选出多个油桐优良家系和无性系在全国推广，主要有黔桐1号、2号，贵桐1号、2号、3号等，主要的经营方式为桐—农混种和零星种植两种（谭方友，1988；郭致中和邓龙玲，1988）。

（3）湖南

湖南地貌以山地、丘陵为主，属于大陆性中亚热带季风湿润气候，冬寒冷而夏酷热，春温多变，秋温陡降，春夏多雨，秋冬干旱。湖南的湘西地区是我国传统桐油的中心产区（湘西、黔东北、渝东南和鄂西南），栽培历史悠久（张慧等，2002）。有科研工作者曾将湖南的油桐划分为16个品种，分别为：大米桐、五爪桐、观音桐、丛生柿饼桐、葡萄桐、七姊妹、对年桐、小米桐、柏枝桐、满天星、柿饼桐、球桐、尖桐、葫芦桐、寿桃桐和柴桐。除此之外，湖南的某些地方还有一些变异类型的油桐，比如青皮桐、红毛籽等等（李福生，1981）。在湖南栽培面积较大的、分布范围较广的都是常见的油桐品种，比如大米桐、小米桐、五爪桐、球桐、葡萄桐和对年桐等，而柴桐、寿桃桐、尖桐和葫芦桐等，在油桐产区均能见到，但数量就比较少。针对湖南的具体生态与环境条件，这 16 个品种的油桐并不是每种都有很好的经济性状，适合在全省范围推广。根据对形态特征、经济性状和结实特点的比较分析，认为比较优良的品种有五爪桐、大米桐、小米桐、葡萄桐和七姊妹，其次的是柏枝桐、球桐、满天星和尖桐（李福生，1981；王春生，2006）。

（4）湖北

湖北位于中国的中部，由山地、丘陵和平原等地貌构成，属亚热带季风性湿润气候。湖北也是油桐的主要产区之一，具有丰富的油桐种质资源。在 20 世纪80 年代，以湖北来凤县的金丝油桐为原料产出的金丝桐油质量为全国之冠，金丝油桐是与全国推广品种贵桐 2 号的特性齐名的地方品种，具有不同于贵桐 2 号的特性，且具有明显优势与开发利用潜力（刘金龙等，2008），来凤县栽培的油桐品种主要为大米桐、小米桐和五爪桐（田国政等，2008）。湖北省十堰市具有发展林特生产得天独厚的自然条件，是全国重点油桐产区之一（赵志连，1996）。有文章报道，湖北油桐品种资源主要为：湖北九子桐，主要分布在湖北的西南和西北地区，为早实丰产型品种，适宜桐农间作或者纯林经营。湖北五爪桐，全省分布，具有营养生长与生殖生长比较协调、适应性广、丰产稳产等特点，适宜桐 - 农间作或者纯林经营。湖北五子桐，多分布湖北的西北、湖北的西南地区，高产稳产。湖北景阳桐，为湖北郧西县一个优良的地方品种。小米桐和大米桐，为全省栽培面积最大、分布最广的品种，有较强的适应性。此外，还有观音桐、球桐、柿饼桐等（周伟国等，1986）。在经过油桐全国性的低迷之后，湖北的油桐资源有所缩减，但是湖北作为油桐中心产区的优势地利条件仍然存在，只要大力发展，仍会恢复成为油桐大省之一。

（5）其他地区

简要介绍以下几个地区的油桐资源情况。

云南。云南位于中国西南边陲，地处低纬度高原，地理位置十分特殊，地形地貌复杂，所以气候也复杂。主要受南孟加拉国高压气流影响而形成高原季风气候，全省大部分地区冬暖夏凉，四季如春的气候特征。云南省气候类型丰富多样，有北热带、南亚热带、中亚热带、北亚热带、南温带、中温带和高原气候区共 7 个气候类型，对于油桐的生长极为有利，是油桐主产区之一。油桐的主栽品种有 5 个，分别为云南高脚桐、云南球桐、云南矮脚米桐、厚壳桐及云南丛生球桐。云南的油桐的栽培方式（戴益源，1999）主要包括：①桐—农混种，即油桐与农作物长期混种。农作物以旱地农作物为主，以茶叶、蔬菜、棉花和烟草较为适宜。②油桐纯林经营。此种方式为国家投资的油桐生产基地为主，先是在垦地之初先种 1～2 年的农作物，待到第三年栽种油桐，在油桐未郁闭之前辅以农作物间种的方式，油桐郁闭完成之后不再间种农作物。③桐—茶混交或者桐杉混交。油桐与油茶或者杉木混交造林的方式。④零星种植。

安徽。安徽位于中国的东南部，是华东地区跨江近海的内陆地区。与多个省份接壤，地貌以平原、丘陵和低山为主，并呈现出相间的排列方式。气候条件是暖温带向亚热带的过渡型气候。安徽省常见的油桐栽培品种有 9 个，在桐城地区就有 6 个，分别为：周岁桐（对岁桐）、五爪桐、独果桐、大扁球、小扁球和丛果桐（余永楷，2011）。周岁桐，树体较矮，生长快，丛果性强，结实多，对立地条件要求也高，应选择较好的山地种植，每亩（1 亩 = 1/15 公顷，下同）产油 10～15kg，造林方式多为杉—桐混交。五爪桐，又名五大吊，树高，主干明显，生长和结果身为均衡，为地方高产品种，每亩产油 20kg。在立地条件较好以及有较高管理水平的情况下，盛果期能持续 20 年以上，多为纯林经营或桐农间作的方式造林。其余 4 个品种均有各自的特性，这里不再一一介绍。

浙江。浙江油桐品种资源调查显示：浙江的主要油桐品种有座桐、五爪桐、柿饼桐、满天星、小葫芦、小扁球、桃形桐、多花丛生球桐、单吊桐和野桐（林刚等，1981）。研究人员对这些油桐品种的植物学特征及经济特性都作了分析，选择出来了适合在浙江推广的油桐品种。

2. 海外油桐资源分布

(1) 巴拉圭

巴拉圭位于南美洲中部，大部分地区属于亚热带气候，是一个以农牧业和林业为主要经济的国家。境内的巴拉圭河从北向南把全国分成东西两部分：河东为丘陵、沼泽和波状平原；河西多为原始森林和草原。巴拉圭的东南部地区发现有少量居民种植油桐，并且油桐林的种植规模也不是很大。1961 年，油桐从中国被引种到巴拉圭，开始了油桐在巴拉圭的种植历史（Brack 和 Wiek，1992）。油桐在种植后的 3～5 年开始结果，每个果实含有 3～5 个种子，这些种子含油量达果实总重量的 20%（Carter 等，1998）。在巴拉圭，油桐的结果期同样能维持 30 年的盛果期，每公顷的油桐林能产出 2～3t 的桐油（Rehm 和 Espig，1984）。1999 年的调查数据显示，巴拉圭的油桐种植面积达到了 10000hm$^2$（FAO，2001），今时今日，仍然只有巴拉圭的东南部地区在种植油桐，因为其他地区的土壤不适合油桐的生长发育。

（2）美国

19世纪末20世纪初，和其他引种油桐的国家一样，美国也从中国引种了油桐，并在美国的南部地区从佛罗里达州到德克萨斯州的东部进行种植（Duke，2011）。但是，油桐的生长受到美国东南部的沿海平原的气候条件限制，所以油桐的分布和种植面积在美国一直没能扩展起来，美国的桐油产业每年仅仅只能供应自己本国的工业需求，毫无出口的能力。美国的植物油原料（包括桐油和其他一些植物油）的储备数据说明油桐在美国的种植规模很小。此外，在佐治亚州和佛罗里达州，油桐树有作为观赏树种进行种植。

（3）阿根廷

阿根廷位于南美洲南部，是拉丁美洲国土面积第二大的国家。地势由西向东逐渐低平，西部主要是山地；东部为草原，是主要的农牧区，属于亚热带湿润气候；北部是平原，包括沼泽和森林，为亚热带或热带沙漠气候；南部是高原，为温带海洋性气候。阿根廷大部分地区的年平均温度在16~23℃之间，夏季雨水充沛，比较适合油桐的生长发育。氧化土是阿根廷的一个典型代表，仅存在于阿根廷东北部的Misones省，油桐、茶树、烟草就是种植在这种类型的氧化土上的，由此可见油桐在阿根廷的资源非常的少（Moscatelli 和 Pazos，2000）。

## 二、油桐用途

我国桐油从清光绪二年（1876年）开始进入国际市场，成为传统的大宗出口物资。到20世纪30年代，曾一度取代丝绸列为出口之首。随着科学技术的进步，桐油深加工及产后物的综合利用有了新的发展。新产品、新工艺、新领域的开拓，变资源优势为产品优势已成为桐油发展的战略方向。使用桐油研制新型涂料、新型油墨、合成树脂、黏合剂、增塑剂、活性剂、药品等呈现出广阔的前景。中国海关总署的桐油出口数据表明：2000~2010年这十年间，我国桐油出口量一直在缓慢的增长，虽然增长的幅度不是很大并且还偶有波动，但总体的上扬趋势一直并未动摇（图1-3，图1-4）。丰富的油桐物种资源是油桐产业广阔前景的基础；日益增长的市场需求是油桐广阔前景的动力源泉；桐油本身的优良特性是油桐产业广阔前景的保障。

1. 桐油良好的理化性质及市场对其日益增长的需求

桐油是我国传统出口产品，20世纪初桐油就和茶叶、蚕丝并列为我国三大出口商品。桐油本身是一种优良的干性油，具有干燥快、比重轻、光泽度好、附着力强、耐热、耐酸碱、防腐防锈及不导电等优良性质，用途广泛。桐油是一种澄清、透明的液体，比重范围为0.9360~0.9395，碘值为163~173，皂化值在

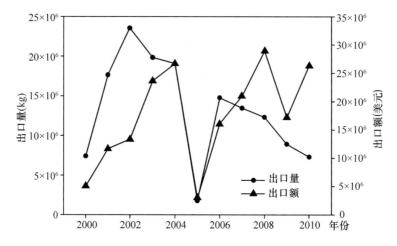

图 1-3　2000～2010 年我国桐油出口量及出口额

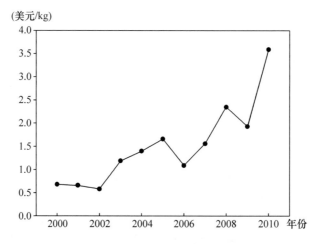

图 1-4　2000～2010 年我国桐油出口单价

190～195 之间。油桐油脂的化学组成包括少量的饱和脂肪酸和大部分不饱和脂肪酸，是一种生物性能良好的燃料油，我国南方自古以来就用于照明。桐油为甘油三酯的混合物，其脂肪酸种类主要有 6 种，即棕榈酸（3.44%）、硬脂酸（2.84%）、油酸（7.15%）、亚油酸（10.04%）、亚麻酸（1.50%）和桐酸（75.03%）。桐酸（Eleostearicacid，ELA）是十八碳三烯酸，为桐油中所特有，也是决定桐油性质的主要成分，含有 3 个共轭双键，化学性质活泼，其开键结构利于引入各类官能团，容易发生聚合、加成等化学反应，形成新的高分子化合物，能制备千万种化学衍生物，形成一个桐油簇化合物体系，广泛应用于各化工产业，世界工业市场对桐油的需求也持续增长，前景广阔。

2. 主产物桐油的用途

桐油是最好的干性油之一，今后也可以用来发展生物柴油。目前，桐油开发及应用已很广泛，经济价值不断提高。我国自古以来用桐油直接染刷各种农具、渔具、家具、车辆、船舶等，随着工业生产的发展，桐油成为油漆工业的原料，抗热防潮性能极好，除了涂在一般工业机器上外，在国防上还有特殊的用途。随着对油桐研究的加深，发现除了桐油之外，油桐的其他部分（制取桐油后的副产物）如桐饼、桐籽等在工业、农业方面的用途也越来越广泛。

（1）合成橡胶与涂料

橡胶的应用十分广泛，单靠天然橡胶难以满足广阔的市场需求，必须依赖人工合成橡胶的生产。20世纪60年代以前，由于我国羸弱的经济基础，桐油作为制造人工橡胶的国内廉价原料使用，其效果一直十分理想。桐油最主要的一个用途就是用于涂料产业，由于具备良好的防水、防潮性能以及干燥快的特点，自古以来桐油就被作为船舶制造业的专有涂料使用，也有在汽车制造业和建筑等方面被当作涂料使用（朱世永，1992；顾龚平等，2008）。但是近年来，由于聚氨酯、丙烯酸酯类等高档涂料的出现，作为干性油的桐油用途已大为减少，但仍然是一种涂料研发中常用的有效改性剂。

（2）用于油墨产业及电子产业

生产彩色油墨离不开桐油，日本从我国进口的桐油中，有70%主要用于油墨的生产（顾龚平等，2008）。亚麻油虽可代替部分桐油，但不能全部代替。这是因为许多油墨来印刷都是在高速度下进行的，特别是对彩色油墨的套色印刷，是在高速度下经彩色油墨膜一尺一尺的印制上去的，这就说明合适的油墨干燥性是决定印刷质量的关键，而桐油正好符合这一条件，利用桐油的油墨产品主要有水基油墨、光固化油墨和环戊二烯桐油改性油墨等（顾龚平等，2008）。近年来桐油在电子工业方面的用途有大幅度增加，虽然如前所述涂料工业对桐油的需求有所减少，但从总的需求方面来说却基本没有减少，反而有所增加。目前在电子工业方面，桐油由于具有良好的防水性能、耐热性和绝缘性等，广泛用于电视机、半导体、收音机等；同时，由于用桐油改性酚醛树脂制成的印刷电路板性能良好、成本低等，已经主要使用在家用电子产品的层压电路板制造上。表明了桐油在现代印刷电路板生产中的重要作用和发展前景。

3. 副产物桐饼及其他用途

油桐榨油后的桐饼，含粗蛋白28.91%、总糖6.94%、淀粉18.58%、残油4.39%、磷3.53mg/g、钙5.35mg/g、钾12.41mg/g等，可用来制作家畜饲料、复合肥料以及无公害长效农药等产品。桐饼是一种很好的饲料蛋白和氨基酸资源，经氨脱毒或乙醇脱毒后可用作家畜饲料；用作肥料时，肥效高且持久，还可以改良土壤的理化性质。油桐树皮可以用来制胶（Jay et al.，2006；顾龚平，2008）；果壳可以制取活性炭，炭灰可以熬制土碱；老叶剪碎碾磨的汁可以用作杀虫剂，有效杀死土壤害虫。桐油混合其他材料，在除虫、耐水性、抗张性、清洁剂、腐蚀性等方面具有优化功能，提高原材料的品质。果皮理论上含醛量在10%以上，含钾量3%~5%，可用作提取桐碱和碳酸钾的原料（龚榜初和蔡金标，1996）。

除此之外，油桐还具有药用价值。根、叶、果作为药用已有悠久的历史，尤其是油桐叶（John et al.，2002）。根据《福建民间草药》和《草木便方》中的记载，油桐叶有消肿解毒的功效，能治疗冻疮、烫伤、痢疾和肠炎等疾病（Harrington，1986）。同时，油桐叶中含有化学抑菌成分，可以为制备植物天然防腐抑菌剂提供原料，已有对油桐乙醇提取物抑菌效果和抑菌条件的研究报道（刘立萍，2009）。还有报道说油桐叶可以用作无尼古丁的香烟替代品（Guan，1999）。油桐的根可以消积驱虫，祛风利湿，用以治疗蛔虫病、风湿筋骨痛等疾病（宋立人，2001；全国中草药汇编编写组，1975）。油桐对空气中的 $SO_2$ 具有敏感反应，因此可以用作空气污染的指示树种（余永楷，2011）。油桐中所发现的共轭三烯脂肪酸和共轭亚油酸对人体的肿瘤细胞有较强的毒性作用，因此可以用作某些癌症如直肠癌、肝癌、肺癌等疾病的治疗（Iharashim 和 Miyazwa，2000）。油桐树冠圆整，叶大花美，具有一定的观赏价值，可以作为园林绿化的行道树种种植，目前在成渝公路两旁就以油桐作为行道树（陈植，1984；王凌晖，2007），并且其木材纹理通顺，材质较轻，木材洁白，加工容易，可用作家具制造等行业的加工（陈植，1984；王凌晖，2007），并且加工油桐木材时所剩下的木屑，可以用作食用菌的栽培基质使用（姚恒季等，1991；姚恒季和汪国华，1991）。

# 第三节　油桐生物学背景

## 一、油桐植物学特征

油桐是我国特产的油料树种，属大戟科油桐属植物，为落叶中小乔木，树高3~10m，胸径15~30cm；树皮灰褐色，并随着树龄的增大，逐渐由光滑变得粗糙并有纵向裂纹出现；合轴分枝，常2~4轮，伞形至半椭圆形树冠；单叶互生，卵形，长20~30cm，宽4~15cm，全缘，叶面深绿色有光泽，叶背淡绿色，嫩叶有浅褐色的绒毛，成熟后消失不见；掌状网脉。花单性（偶有发育不完全的两性花出现），雌雄同株，少异株，圆锥状聚伞花序；花白色，在花瓣的基部有淡红色的纵条纹及斑点，萼片 2 ~ 3，紫红色或者青绿色，基部合生；球果单生，圆球形或扁圆形，果皮肉质，厚度 0.5 ~ 1.0 cm，果实前期为青绿色，逐渐转为淡黄色、淡红色至暗红褐色；果实表皮有与子房数相对应的纵条隐纹（方嘉兴和何方，1998）。三年桐和千年桐最主要的区别在于叶和果实上。三年桐的叶无深裂，而千年桐一般 4 ~ 5 裂。三年桐的果实是光滑的，无褶皱，称为"光桐"（图 1-5）；千年桐果皮会隆起形成皱纹，所以也称为"皱桐"（图 1-6）。这里需要注明的一点就是油桐在植物学上的分类很少，只有 3 种：三年桐、千年桐和日本油桐；但在生产特性上还能有更多的品种划分出来，在日常生产中我们主要利用的也是这些划分的更加细的种，这一点在很多论著都有体现。

**图 1-5 三年桐的叶、果**

**图 1-6 千年桐的叶、果**

## 二、油桐生态学特性

### 1. 温度

油桐喜欢温暖的环境，忌严寒，最适生长的温度条件是：年均气温在 16 ~

18℃，极端低温在 -10℃ 以上，要求在 10℃ 以上的积温要达到 4800~5900℃，全年无霜期在 240~270d。低温对油桐生长发育的影响很大，冬季长时间的 -10℃ 以下的低温以及突发性的大幅度降温都会使油桐遭受冻害；花期(3 月下旬至 4 月下旬)要求气温不低于 14.5℃，且忌冷雨寒风。温度低于 10℃ 影响正常授粉受精，导致减产。而皱桐栽培的中心地带在南亚热带地区，要求有较高的温度条件，年均气温在 17℃ 以上，极端低温在 -5℃ 以上，高于 10℃ 以上的积温则达到 5000℃ 以上，无霜期 330d 以上。

2. 光照和水分

油桐是喜光树种，要求种植在阳坡或半阳坡。三年桐要求年日照总时数不少于 1200h，在 4~10 月的生长期内要求日照在 800h 以上，以 900h 左右最好。千年桐的主要栽培区的日照时数普遍高三年光桐，因此，其千年桐林常分布在宽阔的向阳之处。

油桐喜欢降水量丰沛、空气湿润的气候条件，在保证其正常的生长条件下，三年桐要求的适宜年均降水量为 1026~1596mm，而千年桐则要求在 1201~2057mm；空气的相对湿度在 80% 左右为宜。在南方，4 月的低温阴雨天气是油桐花期的大敌，阴雨伴随低温使得油桐花不能正常发育，并减弱传粉昆虫的活动；而在夏季，果实生长和油脂转化除了需要较长时间的高温之外还需要大量的雨水来供给果实生长。

3. 土壤

油桐是浅根性树种，要求在土层深厚、土质疏松的地段上生长，以排水良好的砂质壤土较为适宜。有学者研究土壤容重和油桐产量二者之间的关系，结论表明，土壤容重大小不同对油桐产量的高低有着明显的影响。土壤容重是土壤理化性的重要物理量，它可以反应土壤的孔隙状况及疏松程度，是土壤松紧度的一个指标。土壤容重小，土壤疏松肥沃，有机质含量高，孔隙度大，透水、保水、保肥性能增强，有利于油桐根系的生长发育，强大的根系保证了地上部分充足的营养保障。在化学上，要求土壤的 pH 值为 5.5~6.5，土壤含盐量 0.05% 以下。如土壤 pH 值小于 5，导致过度酸化，则生长不良，易遭受枯萎病；石灰质含量过高，则同样生长不良，易产生绿叶褪色病。总而言之，油桐生长不耐荒芜，对土壤有着较高的要求，适宜的指标是：有机质 ≥2.0%，氮 ≥0.2%，磷 ≥0.50%。此外，还要求土壤含有生长所需的 B、Mg、Mn、Ca、Zn、Fe 等微量元素。

## 三、油桐生长发育习性

1. 根与枝条

油桐是一种速生型的浅根性树种，它的根系集中分布在土壤的浅土层中，由主根、侧根和大量的细根组成，具有较强的再生能力。在幼苗时期，油桐根系的生长速度比地上部分要快（方嘉兴和何方，1998）。到了发育的幼年阶段，油桐根系的水平生长速度要成倍地快于地上部的生长速度，这有利于迅速扩大根系在土壤中吸收养分的能力，并为地上部的营养生长积累养料和营养物质。当油桐的生长进入结果期后，营养生长转为生殖生长，油桐根系的生长能力有所减弱，根系的生长和地上部的生长逐渐转为一种动态平衡关系；进入结果盛期时，根系达到最大的吸收面积，垂直深度和水平广度都维持在一定的范围内；当到了结果后期时，油桐根系的生长逐渐停止，甚至开始出现少量的侧根死亡的现象，根系范围开始向中心收缩进行根系更新。当油桐进入衰老阶段时，根系的骨干根逐渐死亡，吸收地下营养的能力逐渐丧失，导致地上部开始枯死。

当每年的寒冬过后，土温高于5℃时油桐根系就会开始活动，开始新的一年里的生长，并随着土温的升高而逐渐进入生长高峰期。根系的生长速度在夏季要弱于秋季，这是因为油桐在夏季时侧重于枝叶及果实的生长，供应给根系生长所需要的营养自然就少；到了秋季，油桐枝叶和果实的生长趋于一个稳定的状态，营养主要供给根系的生长所需，使得根系生长达到一个高峰期。植物地上部和地下部分的依存关系早已由研究证明了，油桐的根系生长和地上部分的生长自然也存着这种关系，当根系生长停在缓慢期时，地上部分就处在一个生长旺盛期，反之亦然。

植物的根系生长情况与土壤的立地条件有很大的关系，特别是土壤的理化性质。油桐尤其如此，当油桐种植在良好土壤条件下时，其根系生长情况良好，有较为明显的主根、侧根系的区分；当土壤较为瘠薄时（比如砂石较多的地区），油桐的侧根生长发达，主、侧根分化不明显（孙颖等，2007）。除此之外，合理的管理技术也能为根系的生长创造出一个良好的生长环境，比如：平地及缓坡的全垦整地，能使根系均衡生长（何方和方嘉兴，1998）。一般要保证油桐的高产必须要对油桐林进行冬挖夏铲，保证其根系生长（贺赐平，2010）。冬挖主要是能起到加深熟化土壤的作用，而夏铲主要是给油桐林进行除草松土，改善土壤的理化性质，使得根系生长有一个良好的环境。在冬季施肥结合垦复管理能促进油桐大量萌发根系的有效措施。通常在施肥部位的周围，能看到密集的吸收根分布，这是由于根系的敏感向肥性和油桐根系的浅根性所造成的。

油桐顶芽在萌发后可形成花、花序或者新梢。在形成枝条之后无营养枝和结果枝之分，只有主枝和侧枝之分，并且桐树盛衰的主要标志是油桐枝条的生长状况。枝条的生长状况影响结果的状况，果实一般结在向阳生长的粗壮主枝之上。一般，成年油桐每年抽梢1次，从4月上旬开始，到6月中旬结束，全部生长期为 65~70d，其中在 4 月中旬至 5 月中旬这一段时间内是生长高峰期，占全年生长量的 80%。但针对不同的油桐品种，其枝条的生长也有所不同。小米桐在第四年完成树体的第三轮分枝，完成树体基本骨架的构成；而贵州窄冠桐的分枝角度和每轮分枝的枝数都与小米桐有一定的区别。油桐兼有单轴分枝和合轴分枝 2 种分枝方式，在幼年时期为单轴分枝，后为合轴分枝。这 2 种分枝方式随着油桐的品种和受光面大小的不同，其表现的明显程度也不一致（何方和方嘉兴，1998）。千年桐、座桐和大米桐的混合芽出现年龄较迟，单周分枝占主导，树形高大，分枝点高，主干明显，分枝角度小，轮间距长；反之，对年桐、小米桐品种群的混合芽出现较早，数量多，以合轴分枝为主，树形低矮，新梢多，分枝角度大，轮间距短，枝梢常扭曲。

2. 花

当顶芽在经过萌发之后并不形成枝条，而是形成花芽，具体的花芽分化的时间就会因地区外界环境和品种的不同遗传特性而有一定的差异。一般而论，大部分油桐品种都是从 6 月下旬至 7 月中旬开始花芽分化，8 月中下旬至 11 月中下旬完成花芽分化。上文已介绍过油桐花为雌雄同株的单性花，少有纯雌性或雄性的单性花出现，即使偶尔出现也多为发育不正常的杂性同株。油桐在 4 月上中旬开花，雄花先开后止，花期达到 20~25d；而雌花后开先止，花期 7~11d。这种开花特性保证了油桐雌花有充分授粉的机会。由于雄花在花序轴的顶端，雌花在花序轴的基部，所以这种开花特性也体现了顶端优势现象。

根据油桐混合芽萌发后的花、叶相对生长速度可以分为 3 种表现型（何方和方嘉兴，1998）：先叶后花型、先花后叶型以及花叶同步型。

先叶后花型，顾名思义，当混合芽萌发后，先长叶后开花。此种类型的油桐，当开花之时，树上早已出现郁郁葱葱的绿叶，呈现出叶茂花艳的"叶包花"状态，桐农们称呼这一现象为油桐高产稳产的预兆。在三年桐的育种策略中，常常根据这一特性进行选择，其代表品种为座桐、五爪桐、满天星等等，千年桐无论是雄树还是雌树，都是此种类型。

先花后叶型，与先叶后花型相比较，此种类型出现"花包叶"的景象。花期长，花的数量多，但大都是雄花，仅有少量正常的雌性花。此种类型的油桐将来结果少或不结果、产量低，桐农比喻这一现象为"花包叶，果不结"，代表品种为球桐、柴桐等。

花叶同步型，随着花序发育的同时，叶也能同步发育，比较一致。结果、开花、长叶都处于二者之间，但结果表现出明显的大小年现象。代表品种为小米桐、葡萄桐、景阳桐等。

### 3. 果实

油桐的果实生长关系着桐油的产量，因此必须了解油桐果实生长的完整过程。油桐果实的生长期长达6个月，可以分为两个明显的阶段：一是位于前期的果实膨大期。树体所吸收的营养在这一阶段主要供给果实，以其生长为主，果实体积迅速膨大，果皮、种皮生长迅速。在完成这一阶段的生长之后，即开始了第二阶段，在第二阶段，果实体积从外表看上去没有什么明显变化，但果内却在大量合成油脂，侧重于脂肪的积累、转化和种胚的成熟，8月中旬至9月中旬是油脂积累的高峰期。

生长正处在第二阶段的油桐果实，随着它的逐步成熟，其体内会发生一系列变化，诸如：种仁开始变得饱满；含水量下降；脂肪酸和蛋白质的含量增加，而碳水化合物的含量显著减少；脂肪酸中的桐酸含量上升，棕榈酸、亚油酸和亚麻酸含量下降等。到了10月下旬或者11月上旬，种子基本成熟，含油量达到高峰，油脂性质也达到最佳，此时可择机采收果实。同时，由于果实生长和花芽分化有部分时间重叠，二者因营养的争夺而产生矛盾，应当采取相应的管理措施，维持二者的平衡稳定，减少大小年结果现象的出现几率。

**参考文献**

敖新宇，刘守庆，赵宁，等．云南地区麻疯树籽种仁化学成分测定[J]．西南林业大学学报，2011，31(2)：90 – 92.

蔡金标，丁建祖，陈必勇，等．中国油桐品种、类型的分类[J]．经济林研究，1997，15(4)：47 – 50.

陈爱芬．油桐自交系主要经济性状遗传及测定技术研究取得显著成果[J]．林业科技开发，2004，18(1)：73.

陈斐．油桐33个家系的因子分析与选优研究[J]．浙江林业科技，1998a，18(3)：18 – 22，28.

陈斐．油桐69个无性系的典范相关分析与选优研究[J]．林业科学研究，1998b，11(5)：518 – 522.

陈斐，林家彬．油桐无性系生产力判别评级与预测研究[J]．福建林业科技，1998，25(2)：11 – 14.

陈红霞，王成章，叶建中，等．油茶饼粕中黄酮苷类化合物的分离与结构鉴定[J]．林产化学与工业，2011，31(1)：13 – 16.

陈素传，肖正东．安徽省油茶生产现状及发展对策[J]．湖北林业科技，2010，5：47 – 50.

陈喜英，谷勇，殷瑶，等．云南金沙江干热河谷地区麻疯树生物量的变化[J]．贵州农业科学，2011，39(4)：174 – 176.

陈颖，曹福亮，李淑娴，等．乌桕不同外植体高效再生探索[J]．西北植物学报，2010，30

（12）：2542 – 2549.

陈植. 观赏树木学[M]. 北京：中国林业出版社，1984，205 – 206.

程军勇，李良，周席华，等. 油茶优树脂肪酸组成和相关性分析的研究[J]. 湖北林业科技，2010，5：24 – 26.

戴萍，尹增芳，顾明干，等. 光皮树果实的数量性状变异[J]. 林业科技开发，2010，24（5）：34 – 37.

戴益源. 我省油桐主栽品种及栽培方式简介[J]. 云南林业，1999，20（1）：20.

邓红，曹立强，付凤奇，等. 水酶法提取文冠果油工艺的优化[J]. 中国油脂，2011，36（1）：38 – 40.

邓惠群. 贵州油桐生产现状及其发展策略[J]. 贵州林业科技，1993，21（4）：55 – 58.

董晓宁，董博，李荣飞，等. 黄连木根化学成分的研究[J]. 广东化工，2010，37（6）：17 – 18.

樊金栓. 我国木本油料生产发展的现状与前景[J]. 经济林研究，2008，26（2）：116 – 122.

范晓明，袁德义，谭晓风，等. 油茶优良无性系幼胚和子叶高效再生体系的建立[J]. 湖北农业科学，2011，50（6）：1201 – 1204.

方嘉兴，何方. 中国油桐[M]. 北京：中国林业出版社，1998.

费世民，何亚平，王乐辉，等. 金沙江干热河谷麻疯树结籽率及其影响因素研究[J]. 四川林业科技，2011，32（1）：1 – 10.

冯金玲，杨志坚，陈辉，等. 油茶芽苗砧嫁接体的亲和性生理[J]. 福建农林大学学报（自然科学版），2011，40（1）：24 – 30.

冯献宾，董倩，王洁，等. 低温胁迫对黄连木抗寒生理指标的影响[J]. 中国农学通报，2011a，27（8）：23 – 26.

冯献宾，董倩，李旭新，等. 黄连木和黄山栾树的抗寒性[J]. 应用生态学报，2011b，22（5）：1141 – 1146.

龚榜初，蔡金标. 油桐育种研究的进展[J]. 经济林研究，1996，14（1）：51 – 53.

顾龚平，钱学射，张卫明，等. 燃料油植物油桐的利用与栽培[J]. 中国野生植物资源，2008，27（6）：12 – 15.

广西中医研究所. 广西药用植物名录[M]. 南宁：广西人民出版社，1986.

郭致中，邓龙玲. 贵州省油桐良种化[J]. 贵州林业科技，1988（2）：32 – 38.

贺赐平. 油桐林地水土流失控制技术探讨[J]. 湖南林业科技，2010，37（4）：48 – 49.

侯元凯，黄琳，杨超伟，等. 文冠果种粒性状相关性[J]. 东北林业大学学报，2011a，39（2）：107 – 108.

侯元凯，李阳元，赵生军，等. 文冠果结实情况的调查与产量的预测[J]. 经济林研究，2011b，29（1）：144 – 148.

胡庭兴，江心，李贤伟. 四川油桐现状及其在长防林建设中的经营对策[J]. 四川农业大学学报，1996，14（3）：449 – 452，456.

胡玉玲，胡冬南，袁生贵，等．不同肥料与芸苔素内酯处理对 5 年生油茶光合和品质的影响[J].浙江农林大学学报，2011，28(2)：194 – 199.

黄春晖．不同育苗方法对黄连木苗木生长的影响[J].江苏农业科学，2011，39(4)：197 – 198.

黄福长．国内外油桐发展现状[J].佛山科学技术学院学报(自然科学版)，2011，29(3)：83 – 87.

黄进，夏涛，郑化．生物质化工与生物质材料[M].北京：化学工业出版社，2009，1 – 2.

黄挺．中国油桐业前景广阔[J].世界农业，2001(8)：18 – 19.

黄瑛，郑海，闫云君．乌桕制备生物柴油研究[J].中南民族大学学报(自然科学版)，2010，29(3)：25 – 28.

江苏新医学院．中药大辞典(下册)[M].上海：上海人民出版社，1985，22 – 27.

蒋祥娥，欧阳绍湘，黄发新，等．乌桕的组织培养及植株再生研究[J].湖北林业科技，2010，161：20 – 22.

焦娟玉，尹春英，陈珂．土壤水、氮供应对麻疯树幼苗光合特性的影响[J].植物生态学报，2011，35(1)：91 – 99.

靳丽，易明晶，陈永勤，等．5 中乌桕籽油主要脂肪酸成分的 GC – MS 分析[J].湖北大学学报，2010，32(4)：443 – 446.

康庚生，朱国全，戴建成，等．油桐优树 80 个无性系引种评比试验[J].湖南林业科技，1990(3)：21 – 23.

李昌珠，李培旺，张良波，等．光皮树无性系 ISSR – PCR 反应体系的建立[J].经济林研究，2009，27(2)：6 – 9.

李昌珠，张良波，李培旺．油料树种光皮树优良无性系选育研究[J].中南林业科技大学学报，2010，30(7)：1 – 8.

李春友，孟平，张劲松，等．不同郁闭度条件下野生黄连木幼苗的光合及水分利用特征[J].东北林业大学学报，2011，39(5)：20 – 23.

李福生．湖南油桐农家品种资源普查报告[J].湖南林业科技，1981(3)：13 – 21.

李建安，孙颖，陈鸿鹏，等．油桐 LFAFY 同源基因片段的克隆与分析[J].中南林业科技大学学报，2008，28(4)：21 – 26.

李鹏，汪阳东，陈益存，等．油桐 ISSR – PCR 最佳反应体系的建立[J].林业科学研究，2008，21(2)：194 – 199.

李宜海，谢晓航，熊彬，等．黄连木油制备生物柴油的中试研究[J].可再生资源，2010，28(4)：54 – 61.

李招娣，邓红，范雪层，等．冷榨文冠果籽油的氧化稳定性研究[J].中国油脂，2008，33(9)：33 – 35.

林刚，黎章矩，夏逍鸿．浙江油桐品种调查与良种选择初报[J].浙江林学院科技通讯，1981(1)：2 – 14.

林娟，周选围，唐克轩，等．麻疯树植物资源研究概况[J]．热带亚热带植物学报，2004，12（3）：36 – 39.

凌麓山，何方，方嘉兴，等．中国油桐品种分类的研究[J]．经济林研究，1991a，9（2）：1 – 8.

凌麓山，朱积余．中国油桐品种类群划分的多变量分析[J]．广西林业科技，1991b，20（3）：120 – 126.

黎先胜．我国油茶资源的开发利用研究[J]．湖南科技学院学报，2005，26（11）：127 – 129.

刘波，王力华，阴黎明，等．两种林龄文冠果的生长和结实特性[J]．中国科学院研究生院学报，2011，28（1）：73 – 79.

刘翠峰，王彦英，翟运吾，等．油桐豫桐1号等3个优良家系的选育[J]．经济林研究，1996，14（1）：45 – 47.

刘存存，方学智，姚晓华．等．油茶籽油精炼过程中主要营养成分的变化[J]．中国油脂，2011，36（2）：36 – 38.

刘火安，姚波．乌桕油脂成分作为生物柴油原料的研究进展[J]．基因组学与应用生物学，2010，29（2）：402 – 408.

刘立萍．湘西油桐叶提取物抑菌活性的初步研究[J]．食品科技，2009，34（2）：210 – 215.

刘金龙，田国政，孙东发，等．湖北金丝油桐和贵桐2号的核型分析[J]．经济林研究，2008，26（1）：53 – 57.

刘均利，郭红英，陈炙，等．麻疯树组培苗的生根及移栽技术研究[J]．四川林业科技，2011，32（2）：38 – 44.

刘守庆，李雪梅，敖新宇，等．麻风树籽油制取生物柴油的工艺研究[J]．云南化工，2011，38（1）：5 – 13.

刘书好，张惠，王辉，等．麻疯树籽油提取植物甾醇的研究[J]．食品科技，2011，36（3）：224 – 226.

刘益兴，贺赐平，李正茂，等．不同繁殖方式对油桐树体结构及产量的影响[J]．中南林业科技大学学报，2010，30（5）：61 – 66.

龙红旭，谭晓风，陈洪，等．油桐油体蛋白基因的克隆及序列分析[J]．中南林业科技大学学报，2010，30（4）：31 – 38.

罗艳，刘梅．开发木本油料植物作为生物柴油原料的研究[J]．中国生物工程杂志，2007，27（7）：68 – 74.

龙秀琴．贵州木本食用油料资源及其开发利用[J]．资源开发与市场，2003a，19（4）：243 – 245.

龙秀琴，许杰，姚淑均．贵州油桐生产现状及其发展对策[J]．中国林副特产，2003b，（1）：53 – 54.

隆振雄．油桐北移引种幼苗越冬相关性状的遗传分析[J]．西北林学院学报，1996，11（3）：31 – 35.

吕平会，李龙山，谢复明，等．油桐优良单株选择［J］．经济林研究，1993，11（2）：88－91.

马博，兰翠玲，李力．麻疯树籽饼粕饲用品质改良及深加工技术研究进展［J］．中国油脂，2011，36（5）：26－30.

牟洪香．木本能源植物文冠果的调查与研究［D］．北京：中国林业科学研究院硕士学位论文，2006，59－61.

牟洪香，于海燕，侯新村．木本能源植物文冠果在我国的分布规律研究［J］．安徽农业科学，2008，36（9）：3626－3628.

倪竞德，张敏，窦全琴，等．乌桕秋叶色素含量变化的研究［J］．江苏林业科技，2011，38（4）：9－11.

彭婵，张新叶，李振芳，等．乌桕SRAP－PCR体系优化与引物筛选［J］．湖北林业科技，2010，5：13－16.

彭红，韩东平，刘玉环，等．光皮树籽抽出物的成分分析［J］．食品科学，2010，31（12）：197－199.

齐昆，齐国辉，李保国，等．黄连木果实生长动态及内含物含量变化规律研究［J］．河北农业大学学报，2011，34（3）：45－49.

钱建军，张存劳，姚亚利，等．黄连木油料资源的开发与利用［J］．中国油脂，2000，25（3）：49.

秦飞，郭同斌，刘忠刚，等．中国黄连木研究综述［J］．经济林研究，2007，25（4）：90－96.

全国中草药汇编编写组．全国中草药汇编［M］．北京：人民卫生出版社，1975，476－477.

饶成，黄继山，付军威．不同叶面追肥处理对油茶幼苗生长发育的影响［J］．安徽农业科学，2011，39（1）：140－141.

申爱荣，谭著明，蒋丽娟，等．不同提油方法对制取光皮树油的影响［J］．中南林业科技大学学报，2010，30（11）：129－134.

宋立人．现代中药学大辞典［M］．北京：人民卫生出版社，2001，1364－1366.

孙城，卢彭显，李建安．中国油桐栽培利用与应用基础研究进展［J］．经济林研究，2007，25（2）：84－87.

谭方友．贵州油桐栽培技术的初步探讨［J］．贵州林业科技，1988（2）：26－32.

谭晓风，王义强，傅承业，等．四川省武隆县油桐资源综合考察报告［J］．经济林研究，1992，S1：141－147.

谭晓风．油桐的生产现状及其发展建议［J］．经济林研究，2006，24（3）：62－64.

田国政，孙东发，刘金龙，等．来凤油桐资源调查/表型观测及立体因子研究［J］．湖北农业科学，2008，47（1）：71－74.

涂炳坤，郭刚奇，徐正红，等．油桐数量性状的主成分分析及分类［J］．华中农业大学学报，1994，13（3）：296－300.

王斌，王开良，童杰洁，等．我国油茶产业现状及发展对策［J］．林业科技开发，2011，25（2）：11－15.

王超，路丙社，白志英，等．不同种源黄连木遗传多样性研究[J]．华北农学报，2010，25（增刊）：55－59．

王春生．湘西地区油桐优树选择初报[J]．湖南农业科学，2006（2）：89－91．

王凌晖．林树种栽培养护手册[M]．北京：化学工业出版社，2007，266－277．

王荣国．浅析能源树种黄连木发展前景、发展对策及栽培技术[J]．安徽农学通报，2011，17（10）：160－161．

王瑞，陈永忠，王玉娟，等．油茶林地不同间种处理土壤养分及生长量的主成成分分析[J]．中国农学通报，2011，27（4）：30－35．

王遂义．河南树木志[M]．郑州：河南科学技术出版社，1994（1）：505．

汪阳东，李元，李鹏．油桐桐酸合成酶基因克隆和植物表达载体构建[J]．浙江林业科技，2007，27（2）：1－5．

王一，段磊，德永军，等．文冠果不同密度播种育苗试验[J]．经济林研究，2011，29（1）：140－143．

王渊，谭晓风，谢鹏，等．油茶优良无性系的理化性质及脂肪酸的分析[J]．中南林业科技大学学报，2011，31（6）：70－74．

汪智军，张东亚，古丽江．文冠果树种类型的划分及优良高产单株的筛选[J]．经济林研究，2011，29（1）：128－131．

吴开云，费学谦，姚小华．油桐DNA快速提取以及RAPD扩增的初步研究[J]．经济林研究，1998，16（3）：28－30．

武志杰，宗文君．麻风树开辟能源植物利用的新前景[J]．科学新闻，2007（14）：15．

谢风，潘斌林，胡松竹，等．光皮树研究进展[J]．安徽农业科学，2009，37（7）：2961－2962．

夏辉，田呈瑞．茶皂素提取纯化及生物活性研究进展[J]．粮食与油脂，2007（6）：41－43．

夏逍鸿，卢龙高．油桐主要经济性状与产油相关分析[J]．浙江林业科技，1992，12（1）：32－33．

肖志红，李昌珠，陈景震，等．光皮树果实不同部位油脂组成分析[J]．中国油脂，2009，34（2）：72－74．

许鹏波，薛立．油茶施肥研究进展[J]．中国农学通报，2011，27（8）：1－6．

姚恒季，汪国华，夏逍鸿．油桐木屑栽培香菇试验报告[J]．浙江林业科技，1991，11（1）：20－23．

姚恒季，汪国华．油桐木屑栽培杂交木耳试验[J]．食用菌，1991，13（4）：22－23．

杨雨春，赵佳宁，张忠辉，等．文冠果不同群体果实和种子性状综合评价研究[J]．中国农学通报，2011，27（16）：36－40．

杨志斌，程德峰，李晖，等．浅谈生物质能源树种乌桕的利用[J]．湖北林业科技，2010，1，47－49．

余永楷．安徽油桐地方品种概述及速生丰产栽培技术[J]．安徽农学通报，2011，17（5）：

128－130.

袁国军，刘冰，宋宏伟，等．培养条件对黄连木花粉萌发的影响[J]．中国农学通报，2011，27(2)：17－20.

袁德义，彭绍峰，邹峰，等．油茶种子脂肪酸与游离氨基酸的分析[J]．中南林业科技大学学报，2011，31(1)：77－79.

云南省植物研究所．云南经济植物[M]．昆明：云南人民出版社，1996.

曾虹燕，李昌珠，蒋丽娟，等．不同方法提取光皮树籽油的GC－MS分析[J]．中国生物工程杂志，2004，24(11)：83－86.

赵晨，付玉杰，祖元刚，等．研究开发燃料油植物生产生物柴油的几个策略[J]．植物学通报，2006，23(3)：312－319.

赵志连．开发油桐资源　振兴十堰经济[J]．经济林研究，1996，14(1)：42－43.

张彪，何文广，肖华山．麻疯树研究进展[J]．能源与环境，2011，1：53－55.

张慧，宁佐敦，龚群龙．湘西地区油桐林现状及改造治理探讨[J]．湖南林业科技，2002，29(2)：38－39，78.

张可，钱和，张添．油茶籽的综合利用开发[J]．食品科技，2003，(4)：85－86.

张良波，陈景震，王丽云，等．乌桕育苗与造林研究进展[J]．湖南林业科技，2011，38(4)：68－70.

张玲玲，彭俊华．油桐资源价值及其开发利用前景[J]．2011，29(2)：130－136.

张帅，王晓光，邓先珍，等．乌桕基因组DNA提取方法研究[J]．湖北林业科技，2010，2：27－30.

张炜，罗建勋，辜云杰，等．西南地区麻疯树天然种群遗传多样性的等位酶变异[J]．植物生态学报，2011，35(3)：330－336.

张小强，王明奎，赵志刚，等．HPLC法测定麻疯树不同部位良种二萜的含量[J]．化学研究与应用，2011，23(1)：87－91.

中国树木志编委会．中国主要树种造林技术[M]．北京：中国林业出版社，1978.

周伟国，欧阳绍湘，安仲，等．湖北省油桐品种资源调查研究报告[J]．湖北林业科技，1986，(2)：1－8.

周祖平，王明华，李秋英．油桐优良品种对比试验[J]．江西林业科技，1993，(6)：20－22.

朱世永，任庆生．涂料工业中桐油利用的方向[J]．中国油脂，1992，(增刊)：400－407.

庄瑞林．中国油茶(第2版)[M]．北京：中国林业出版社，2008，3－51.

Brack W，Wiek JH. Experiencias Agroforestales en elParaguay. MAG/GTZ. Proyecto de Planificacion del Uso de la Tierra. Asunción. 1992.

Carter C，House L，Little R. Tung oil：a revival[J]. *Review of agricultural economics*. 1998，20(2)：666－673.

Duke JA. http：//www. hort. purdue. edu/newcrop/duke_ energy/Aleurites_ fordii. html. 2011.

FAO. http：//apps. fao. org/lim500/wrap. pl？Crops. 2001.

Guan Y L. Cigarette substitutes with its raw material containing leaves of Chinese parasol tree (*Aleurites fordii*) [P]. CN: 1233430-A. 1999-12-03.

Harrington K J. Chemical and physical properties of vegetable oil esters and their effect on diesel fuel performance [J]. *Biomass*, 1986, (9): 1–17.

Iharashim M, Miyazwa T. Newly recognized cytotoxic effect of conjugated trienoic fatty acidson cultured human or cells [J]. *Cancer Lett*, 2000, 148(2): 173–179.

Jay M Shockey, Satinder K Gidda, Dorselyn C Chapital, et al. Tung tree DGAT1 and DGAT2 have nonredundant functions in triacylglycerol biosynthesis and are localized to different subdomains of the endoplasmic reticulum [J]. *Plant Cell*, 2006, 18(9): 2294–2313.

John M Dyer, Dorselyn C Chapital, et al. Molecular analysis of a bifunctional fatty acid conjugase/deasturase from tung. Implications for the evolution of plant fatty acid diversity [J]. *Plant Physiol*, 2002, 130: 2027–2038.

Moscatelli G, Pazos MS. Soils of Argentina: Nature and Use. Presentacion oralen: International Symposium on Soil Science: Accomplishments and Changing Paradigm towards the 21st Century and IUSS Extraordinary Council Meeting, 2000, 17–22 de abril, Bangkok, Tailandia.

Rehm S, Espig G. Die Kulturpflanzen der Tropen Und Subtropen. Anbau, Wirtschaftliche bedeutung, Verwertung. Verlag Eugen Ulmer, Sturragrt, 1984, 2 Aufl, 504.

# 第二章　油桐合成分子机制研究

## 第一节　植物油脂生物合成机制研究进展概述

### 一、植物油脂概述

植物油脂一般指甘油酯化合物，广泛分布于自然界中。凡是从植物种子、果肉及其他部分提取所取得的脂肪统称植物油脂。植物油脂的主要成分是直链脂肪酸与甘油生成的酯，脂肪酸除软脂酸、硬脂酸和油酸外，还含有多种不饱和脂肪酸，如芥酸、桐酸、蓖麻油酸等。植物油脂中不饱和脂肪酸的含量一般高于动物油脂。

### 二、植物脂肪酸生物合成

#### （一）植物脂肪酸生物合成基本途径

植物油脂通常以三酰甘油酯（triacylglyserols，TAGs）的形式存在，其品质及价值也在很大程度上取决于其脂肪酸的成分和含量。天然脂肪酸通常含偶数个碳原子，一般 $10 \sim 26$ 个碳原子。其中脂肪酸成分主要是 $16 \sim 18$ 碳饱和脂肪酸和不饱和脂肪酸，主要有棕榈酸、硬脂酸、软脂酸、油酸、亚油酸和亚麻酸，等等。在少数植物油脂中，也存在 20 碳或者更长碳链的脂肪酸如花生四烯酸等。不同植物脂肪酸的主要区别在于碳链的长短、饱和与否及双键的数目和位置等。

植物脂肪酸一般可以分为饱和脂肪酸（saurated fatty acid，SFA）、不饱和脂肪酸（unsaurated fatty acid，UFA）。不饱和脂肪酸有单不饱和脂肪酸（monounsautated fatty acid，MUFA）和多不饱和脂肪酸（polyunsaurated fatty acid，PUFA）两种。饱和脂肪酸的烃链是饱和的，没有双键，如棕榈酸、硬脂酸。单不饱和脂肪酸还有一个双键，如油酸。多不饱和脂肪酸含两个或两个以上的双键，如亚油酸、亚麻酸和花生四烯酸等。根据碳链的长短，可以将植物脂肪酸分为：①短链脂肪酸，碳链长度一般为 $4 \sim 7$ 个碳原子；②中长链脂肪酸，含 $8 \sim 18$ 个碳原子的脂肪酸；

③超长链脂肪酸，含20个或20个以上碳原子的脂肪酸。根据人体需要程度，又可以将脂肪酸分成必需脂肪酸和非必需脂肪酸两类。必需脂肪酸指的是在人体中不能合成，必须从外界获取的脂肪酸，如前面提到的亚油酸和亚麻酸。此外，人们根据双键距离甲基末端的位置，将不饱和脂肪酸分成ω-3（如亚麻酸）和ω-6（如亚油酸）系列。

植物脂肪酸的合成是由脂肪酸合成酶催化进行的，是一个非常复杂的生化过程（图2-1）。经过几十年的研究，特别是随着分子生物学技术的快速发展，人们

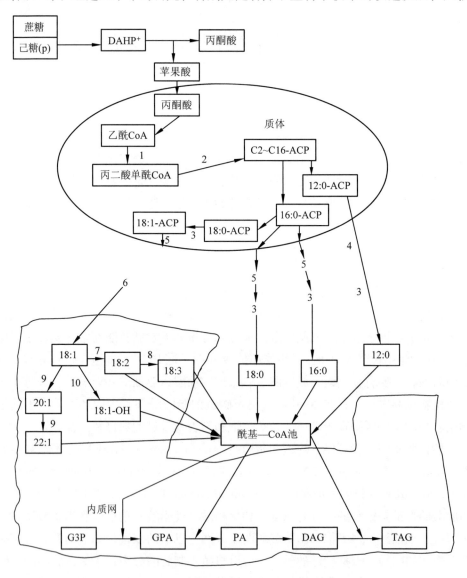

**图2-1 植物脂肪酸及油脂合成的途径示意**

植物脂肪酸的合成主要是在质体和内质网中进行：(1)低于18碳的脂肪酸的合成是在质体中进行的。光合作用产生的蔗糖作为合成脂肪酸的主要碳源，通过糖酵解途径生成己糖，并进一步生成丙酮酸。在丙酮酸羧化酶催化下，生成脂肪酸合成的前体乙酰 CoA(acetyl-CoA)。两个乙酰 CoA 经过羧化作用产生丙二酸单酰 CoA(malonyl-CoA)，后者与酰基载体蛋白(acyl carrier protein，ACP)结合，进入脂肪酸合成途径。然后在脂肪酸合成酶(fatty acid synthase，FAS)的催化下，丙二酸单酰 CoA 进行连续的聚合反应，以每次循环增加两个碳的频率合成酰基碳链，合成不同长度碳链的饱和脂肪酸。(2)油酸和质体中部分游离的脂肪酸在与质体膜结合的酰基 CoA 合成酶的作用下合成酰基 CoA，然后从质体中释放到细胞基质或内质网中。随后的脂肪酸修饰和三酰甘油酯的合成等主要是在内质网膜上，最后贮存在胞质中的酰基 CoA 池中。途径中主要参与的酶包括：①乙酰辅酶 A 羧化酶，acetyl-CoA carboxylase，ACCase；②丙二酸单酰 CoA-ACP 转移酶，malonyl-CoA：ACP transacylase；③~⑥β-ketoacyl-acyl carrier protein synthase(KAS II)，β-酮脂酰-ACP 还原酶β-ketoacyl-ACP reductase；β-羟脂酰-ACP 脱水酶 β-hydroxyacyl-ACP dehydrase；硬脂酰-ACP 去饱和酶，$\Delta^9$ stearoyl-ACP desaturase；硫酯酶 A，hioesterase(Fat A)；硫酯酶 B，thioesterase(Fat B)；乙酰辅酶 A 合成酶，acyl-CoA synthetase；⑦~⑩脂肪酸去饱和酶，fatty acid desaturace。G3P，3-磷酸甘油；GPA，磷酸单甘油酯；PA，磷脂酸；DAG，二酰基甘油酯；TAG，三酰基甘油酯。

对植物脂肪酸生物合成途径已经相当了解，普遍存在的反应途径基本清楚。反应途径包括原核途径和真核途径，主要是在质体和内质网中进行(Roughan and Slack，1982；Browse and Somerville，1991)。在植物中，低于18碳的脂肪酸的合成是在质体中进行的；在种子里，脂肪酸的合成是在未分化的质体中进行的。首先，光合作用产生的蔗糖作为合成脂肪酸的主要碳源，通过糖酵解途径生成己糖，并进一步生成丙酮酸。连同其他代谢途径产生的丙酮酸转运到质体内，在丙酮酸羧化酶催化下，生成脂肪酸合成的前体——乙酰 CoA(acetyl-CoA)。两个乙酰 CoA 经过羧化作用产生丙二酸单酰 CoA(malonyl-CoA)，后者与酰基载体蛋白(acyl carrier protein，ACP)结合，进入脂肪酸合成途径。ACP 的作用在于在碳链延伸过程中保护丙二酸单酰 CoA 不受其他酶的作用。然后在脂肪酸合成酶(fatty acid synthase，FAS)的催化下，丙二酸单酰 CoA 进行连续的聚合反应，以每次循环增加两个碳的频率合成酰基碳链，合成不同长度碳链的饱和脂肪酸。碳链延伸的过程中，碳-碳键是通过产生一个 β-酮酯酰 ACP 而形成；随后，在脂肪酸合成酶复合体的催化作用下，羰基发生还原反应、脱水反应，再次还原反应，使得脂肪酸碳链逐渐增加两个碳原子。在植物质体中，不饱和脂肪酸合成在 ACP 硫酯酶或酰基转移酶的作用下终止，形成游离的硬脂酸或软脂酸等。硬脂酸在质体膜上，经硬脂酸脱氢酶产生油酸。油酸和质体中部分游离的脂肪酸在与质体膜结合的酰基 CoA 合成酶的作用下合成酰基 CoA，然后从质体中释放到细胞基质或内质网中。随后的脂肪酸修饰，三酰甘油酯的合成等都是在质体外进行的，主要是在内质网膜上。经过修饰后，生成不饱和脂肪酸和长链脂肪酸。最后贮存在胞质中的酰基 CoA 池中(Somerville C et al.，1991)。

脂肪酸和糖酵解中间产物甘油 3-磷酸通过 Kennedy(Stymne S et al.，1983)途径组装成 TAG。植物体内的 TAG 合成几乎都发生在质体和内质网上，但在不同植物种类和不同组织中两个细胞区域合成的 TAG 相对量仍可能会有所不同。植物 TAG 合成的真核和原核途径之间联系密切，可以相互弥补。有些植物还可以通过调控脂肪酸合成以及原核和真核两个途径间的相对流量来控制脂肪酸的合成，任何一个基因突变，都会导致微体、叶绿体膜脂和种子贮藏油脂的脂肪酸组成差异明显(Somerville and Browse，1996)，因此我们也可以据此通过调控植物脂肪酸合成来调节不同植物组织器官中的脂肪酸含量。

## (二)植物脂肪酸合成相关酶

### 1. 饱和脂肪酸合成相关酶

高等植物的饱和脂肪酸的合成是以乙酰 CoA 作为前体，缩合生成丙二酸单酰 CoA，然后丙二酸单酰 CoA 作为反应底物，经过不断聚合形成软脂酰-S-ACP，最终在硫酯酶的作用下，形成游离的软脂酸或者硬脂酸。这个反应途径在叶绿体基质中进行。

### (1)乙酰 CoA 羧化酶(ACCase)

丙二酸单酰 CoA 的形成是脂肪酸合成的开始，控制该反应的主要酶是乙酰 CoA 羧化酶(ACCase)。ACC 是脂肪酸生物合成过程中的关键酶之一。现在发现，高等植物体内共有两种形式的 ACC，一种为多功能酶，HO-ACCase 与最早在动物中发现的 ACC 相似，属于真核形式的 ACC，位于细胞质中，能够催化多个反应进行，该酶由 1 个多肽链组成，含有 3 个结构功能域，分子量为 220 ~ 240kD，它催化产生的丙二酸单酰 CoA 主要用于超长链脂肪酸生成过程中的延伸。高等植物体内所含的这种酶主要位于表皮组织，与动物和真菌的多功能酶类似，其活性占叶片总 ACC 活性的 20%。单子叶植物如水稻、玉米和小麦叶绿体中 ACC 属于真核形式的，对一些除草剂非常敏感。双子叶植物细胞质 ACC 可能也是真核形式的(Gornicki et al.，1994；Roesler et al.，1994，Anderson et al.，1995；Egli et al.，1995；Yanai et al.，1995)。目前，对禾本科以外的单子叶植物的 ACC 还了解的不清楚。还有一类乙酰 CoA 羧化酶(ACCase)位于质体，为多酶复合体，类似于原核生物的多酶复合体，一般被称为原核形式的 ACC，含有 4 个亚基：BC-CP，BC，两个羧基转移酶(Guchhait et al.，1974；Li and Cronan，1992b)。双子叶植物如豌豆、烟草、大豆等叶绿体内的 ACC 属于此类形式 (Kannangar and Stumpf，1972；Sasaki et al.，1993，1995；Alban et al.，1994；Konishi et al.，1996)。例外的是，在 *Brassica napus* 的叶绿体中同时含有这两类 ACC(Elborough et al.，1996；Markham et al.，1996；Schulte et al.，1997)。在高等植物体中，往往同时含有原核和真核两种形式的 ACC。因此，如果通过调节 ACC 活性，对高等植物特别是大多属于双子叶植物的油料植物进行脂肪酸改良，则不仅要利用反义 RNA 或者 RNAi 调控真核形式的 ACC 多功能酶，更重要的是调控原核形式的 ACC 多酶复合体。在细胞质中和叶绿体中产生的丙二酸单酰 CoA 能参与不同的脂肪酸合成。胞质中，由真核形式 ACC 催化形成的丙二酸单酰 CoA 是脂肪酸延长以及植物抗毒素和类黄酮合成的反应物质（Ebel et al.，1984），而在叶绿体中产生的丙二酸单酰 CoA 则参与脂肪酸合成的全部过程。

植物 ACC 受光和酯酰—CoA 调节。光可能通过改变基质 pH、ATP、ADP 和镁离子等参数来调节酶活性，增加叶片脂类合成。长链脂肪酸的过多合成可以通过酯酰—CoA 反馈抑制 ACC 的活性（Shintani and Ohlrogge，1995）。

（2）脂肪酸合成酶（FAS）

脂肪酸合成酶是多酶复合体，在饱和脂肪酸合成的原初反应、酰基的转移反应、缩合反应、还原反应和脱水反应中起着重要的催化作用。它包括酰基载体蛋白（ACP），β-酮脂酰 ACP 合成酶（KAS），β-酮脂酰 ACP 还原酶，羟脂酰-ACP 脱水酶，烯脂酰-ACP 还原酶，脂酰-S-ACP 硫酯酶。

（3）酰基载体蛋白（ACP）

植物体内存在多个酰基载体蛋白（ACP）同工酶。研究表明，在大麦和拟南芥中存在 3 种 ACP 同工酶：ACP-Ⅰ，ACP-Ⅱ，ACP-Ⅲ。

（4）β-酮脂酰 ACP 合成酶（KAS）

β-酮脂酰 ACP 合成酶（β-ketoacyl-ACP，KAS）主要催化丙二酸单酰 CoA 进行循环聚合反应。β-酮脂酰 ACP 合成酶有 3 种同工酶：KASⅠ、KASⅡ和 KASⅢ。目前，已经从油菜中分离纯化出 KASⅠ和 KASⅡ，此外，从大麦和菠菜中也分别分离出了 KASⅠ和 KASⅢ。KASⅠ作用于碳链长度介于 4~14 个碳之间的酰基 ACP，对硫乳霉素不太敏感、对浅蓝霉素敏感；KASⅡ则催化棕榈酰基 KASⅡ（palmitoyl-ACP，C16-ACP）与丙二酰 ACP 之间的聚合反应，产生硬脂酰基 ACP（stearoyl-ACP，C18-ACP），对 16/18 碳脂肪酸的比率起着决定性作用，这种酶对浅蓝霉素不太敏感，对硫乳霉素敏感；KASⅢ同 KASⅡ类似，对浅蓝霉素不太敏感，对硫乳霉素敏感，催化乙酰 CoA-ACP 和丙二酸单酰 CoA-ACP 缩合或随后的 1~2 轮循环。在质体中，在脱饱和酶的作用下，一些硬脂酰基 ACP 还可以产生含有一个 $\triangle^9$-顺式不饱和双键的油酰基 ACP。

（5）β-酮脂酰 ACP 还原酶

研究表明，植物 β-酮脂酰 ACP 还原酶有 2 个等位形式，已从菠菜、油菜和鳄梨中纯化（Harwood，1988；Slabas and Fawcett，1992）。其中从油菜、鳄梨中分离的还原酶是 NADPH 特异的，它的 N-端具有细胞色素 f 结构域，内部有 1 个类似 Nod G 基因的产物。

（6）β-羟脂酰 ACP 脱水酶

植物 β-羟脂酰 ACP 脱水酶已经从菠菜中纯化（Harwood，1988），但至今未见进一步研究报告。

（7）烯脂酰-ACP 还原酶

烯脂酰-ACP 还原酶在植物体中有 2 种等位形式，一种为 NADH 特异的烯脂酰-ACP 还原酶，已经从油菜中纯化，为 $\partial 4$ 结构，每个亚基为 35kD（Kater et al.，1991），另一种为 NADPH 特异的烯脂酰-ACP 还原酶。

（8）脂酰-ACP 硫酯酶

脂酰-ACP 硫酯酶催化饱和脂肪酸合成循环的终止，已从多种植物中分离和纯化。它具有底物特异性，不同脂酰-ACP 需要不同的酶，如拟南芥中克隆的硫酯酶对 14～18 碳饱和底物具有特异性，而红花中的硫酯酶对油酰-ACP 特异。脂酰-ACP 硫酯酶具有碳链的长度特异性，其活性影响各脂肪酸成分之间的比率，在油料植物中，由于 C16 和 C18 脂酰—ACP 特异性的硫酯酶大量存在，故大部分脂肪酸为 C16 或 C18 脂肪酸。

2. 不饱和脂肪酸合成的相关酶

植物体内饱和脂肪酸在去饱和酶的催化作用下形成不饱和脂肪酸，主要在叶绿体或内质网上进行。从饱和脂肪酸到不饱和脂肪酸合成途径的转折点是合成棕榈油酸和油酸，即软脂酸和硬脂酸在 $\triangle^9$-脂肪酸去饱和酶的催化下，在碳链的第九位和第十位之间引入第一个双键而成。$\triangle^9$-脂肪酸去饱和酶是脂肪酸脱饱和，不饱和脂肪酸合成开始的关键酶。研究发现，不饱和脂肪酸第一个双键不一定在 $\triangle^9$ 位产生，也有可能在 $\triangle^4$、$\triangle^6$ 位产生（Cahoon et al.，1994b、1995）。单不饱和脂肪酸在脂肪酸去饱和酶的催化作用下，可进一步形成多聚不饱和脂肪酸，如油酸在 ω6-、ω3-和（或）$\triangle^6$-脂肪酸脱饱和酶的催化下可分别形成亚油酸、$\partial$-亚麻酸和（或）γ-亚麻酸。多数高等植物只合成 $\partial$-亚麻酸，有少数植物产生 γ-亚麻酸。高等植物膜脂中大多数不饱和脂肪酸的双键位于 18 碳链的 $\triangle^9$、$\triangle^{12}$ 和 $\triangle^{15}$ 位，16 碳链的 $\triangle^7$、$\triangle^{10}$ 和 $\triangle^{13}$ 位。此外，在植物体长链脂肪酸合成中，除了有去饱和酶参与，还有延长酶。

生物体脂肪酸去饱和酶种类很多，根据其作用的底物脂肪酸结合的载体不同可分为三类（表2-1），但是植物体中目前只发现后两种，这些酶有底物选择性和催化位置选择性（Ohlrogge and Browse，1995），一种酶催化特定的底物，在碳氢链的特定位置引入双键。虽然目前关于植物脂肪酸去饱和酶的分离、纯化以及基因工程上研究报道较多，但是对其的作用机制还不十分清楚，如位置专一性的决定机制、生化功能和结构之间的关系、酶活性的调节机制以及其与其他脂肪酸修饰酶的关系等。

**表 2-1　脂肪酸去饱和酶的种类**

| 去饱和酶类型 | 位置 | 作用底物 | 参考文献 |
|---|---|---|---|
| 酰基辅酶 A 去饱和酶（acyl-CoA desaturase） | 动物和真菌细胞的内质网 | acyl-CoA | Holloway，1983 |
| 酰基 ACP 去饱和酶（acyl-ACP desaturase） | 植物质体的基质 | acyl-ACP | Mckeon and Stumpf, 1982 |
| 酰基脂去饱和酶（acyl-lipid desaturase） | 植物细胞内质网、叶绿体被膜蓝细菌的类囊体膜 | acyl-lipid | Sato et al.，1986<br>Schmidt and Hernz, 1993<br>Wada et al.，1993 |

（1）脂酰 CoA 去饱和酶（acyl-CoA desaturase）

它存在于动物、酵母和真菌细胞中，与内质网相结合。

（2）脂酰 ACP 去饱和酶（acyl-ACP desaturase）

它存在于植物细胞质体（叶绿体或质体）的基质中，是水溶性酶。每个脂酰 ACP 去饱和酶结合 2 个铁原子，和氧原子形成反应复合物，催化与 ACP 结合的饱和脂肪酸形成单不饱和脂肪酸，然后运到类囊体膜或细胞质膜上进一步以结合脂的形式去饱和。目前，只有植物的脂酰 ACP 去饱和酶是唯一可知的可溶性脱氢酶家族，它包括 $\triangle^9$ 硬脂酰 ACP 去饱和酶、$\triangle^4$ 软脂酰 ACP 去饱和酶、$\triangle^6$ 软脂酰 ACP 去饱和酶和 $\triangle^9$ 豆蔻酰 ACP 去饱和酶等，其余的都是膜结合蛋白。蓖麻种子硬脂酰-ACP 去饱和酶结构中形成一个二铁原子的活性中心，其晶体结构上有一个很深的沟，从酶的表面延伸到内部，很可能是结合脂酰链的部位，这个腔的底部的氨基酸特性和结构决定识别去饱和酶识别的链的长度。改变 $\triangle^6$ 软脂酰-ACP 去饱和酶或 $\triangle^9$ 硬脂酰 ACP 去饱和酶上的几个氨基酸残基，就可能使得它们的功能发生相互转变（Broadwater et al.，1998；Lindqvist et al.，1996；Cahoon et al.，1997）；

（3）脂酰 – 脂去饱和酶（acyl-lipid desaturase）

它存在于植物内质网膜、脂体膜和蓝藻类囊体膜上，以甘油酯中酯化的脂肪酸为底物，每个去饱和酶在甘油酯中脂肪酸链特定部位引入双键。这一类去饱和酶对温度敏感，可以有效地调节膜脂不饱和程度。大多数脂酰-脂去饱和酶由 300～350 个氨基酸残基组成，是一个可跨膜 4 次的疏水蛋白，含 3 个位置保守的组氨酸区并与 $Fe^{3+}$ 组成活性中心。脂酰 – 脂去饱和酶的电子供体有两种，位于植物细胞和蓝细菌中的酶，以铁氧还蛋白为电子供体；位于植物细胞内质网的酶，以细胞色素 b5 和 NADH-细胞色素 b5 氧化还原酶组成的系统为电子供体。

脂肪酸的去饱和酶系统由 NADH-细胞色素 b5 还原酶、细胞色素和脂肪酸去饱和酶 3 种蛋白质所构成，该酶系统需要氧分子和 NADH 或 NADPH 参与（张羽航等，1998）。各种膜结合的脂肪酸去饱和酶的结构具有共同点（朱敏和余龙江，2001）：多数酰基脂去饱和酶有 300～350 个氨基酸残基，N 端和 C 端部分缺乏明显的同源性，但中部序列相对保守，都有两段长的疏水区，可以形成 4 个跨膜区。所有已知的去饱和酶都有 3 个极度保守的组氨酸区：HX(3 or 4)HH、HX(2 or 3)HH、HX(2 or 3)HH（$\triangle^5$、$\triangle^6$ 去饱和酶中第三个组氨酸区是 $QX_2HH$）。3 个组氨酸保守区之间的距离也是保守的，第一和第二个组氨酸之间的距离具有高度的保守性，表现在其长度为 31 个氨基酸。第二个与第三个组氨酸保守区之间的距离在 132～177 氨基酸之间（Tocher et al.，1998）。从去饱和酶的结构模式图可以看出，去饱和酶具有两个疏水区，跨膜 4 次，在细胞质一侧有 3 个组氨酸保守区与 1 个二价铁离子结合，构成去饱和酶催化的活性中心。三个组氨酸保守区的组成如表 2-2 所示（Jones et al.，1993；Sakamoto et al.，1994；Shanklin et al.，1998；Los and Murata，1998）。

表 2-2　脂肪酸去饱和酶组氨酸保守区的氨基酸组成

| 去饱和酶结构 | 组氨酸基因 | | |
|---|---|---|---|
| | 1st | 2nd | 3rd |
| $\triangle^6$ **acyl-lipid** | | | |
| Cyanobacteria | HDXNH | HXXXH | QXXXHH |
| Higher plants | HDXGH | HXXXH | QXXXHH |
| $\triangle^9$ **acyl-CoA** | | | |
| Animal, yeast | HXXXXH | HXXHH | EXXHXXHH |
| $\triangle^9$ **acyl-lipid** | | | |
| Cyanobacteria | HXXXXH | EXXXXHRXHH | EGWHNNHH |
| Higher plants | HXXXXH | EXXXXHRXHH | EGWHNNHH |
| $\triangle^{12}$ **acyl-lipid** | | | |
| Cyanobacteria | HDCGH | HXXXXHXXHH | HXXHH |
| Higher plants | HXCGH | EXXXXHXXHH | HXXHH |
| $\triangle^{15}$ **acyl-lipid** | | | |
| Cyanobacteria | HDCGH | HXXXXHRTHH | HHXXXXHVAHH |
| Higher plants | HDCGH | HXXXXHRTHH | HHXXXHVIHH |

3. 超长链脂肪酸合成相关酶

植物体中存在的脂肪酸大多数是 12～18 碳原子的脂肪酸，而 20 碳以上的脂肪酸含量较低，有些植物体中根本不存在。要合成 20～30 碳或更长的饱和或不饱和超长链脂肪酸，必须由膜结合的脂肪酸延长酶继续延伸碳链，去饱和酶脱氢形成双键。超长链脂肪酸合成的研究迄今报道比较少。

脂肪酸延长酶纯化比较困难，目前只从一些植物中得到纯化，而且其特性和功能方面都没有得到完全鉴定。与 FAS 类似，脂肪酸延长酶是多酶复合体，包括 β-酮脂酰合成酶、β-酮脂酰 ACP 还原酶、脱水酶、烯脂酰还原酶等，分别用于催化缩合、还原、脱水和再还原，反应过程中各种酰基均以酰基-CoA 形式（中链或长链酰基-CoA）参与，而不是以酰基-ACP 形式参与反应（James et al.，1995；Dittrich et al.，1998）。

## 三、植物脂肪酸生物合成的基因调控

长期以来，植物脂肪酸组分及改良主要是利用经典的育种技术进行的。现选育出了一些品质优良的油菜、向日葵、大豆、亚麻、油茶和油桐等，并在生产实践中得到推广应用。近年来，随着分子生物学的蓬勃发展，分子技术特别是基因工程技术开始逐步应用到植物脂肪酸改良中。1992 年 Knutzon 等首次运用基因工程手段获得含 40% 硬脂酸的转基因油菜以来，植物脂肪酸调控基因工程便迅速发展。

通过调控植物脂肪酸代谢来改变油脂成分，主要包括增加脂肪酸含量、改良脂肪酸长度、调控脂肪酸饱和度及引入新的特异不饱和脂肪酸等方面。目前，对于植物脂肪酸合成的分子途径已经基本清楚，参与催化的大部分酶都已纯化，并建立了相应的基因文库。许多调控脂肪酸代谢的关键酶的基因陆续得到分离（Mckhedov et al.，2000）。

1. 增加脂肪酸含量

油料植物的种子含油率差别很大，从 10% 到 65% 不等，同种不同品种的种子含油率也有明显差别。除了极少数油料植物品种含油率高达 50% 甚至 65%，绝大多数植物的含油率都偏低。因此，如何提高植物含油率也是木本油料植物改良的一个重要内容。要提高油料植物的含油率，需要对脂肪酸和 TAGs 合成代谢的关键步骤进行调控，以提高 TAGs 的合成速率和数量。目前较为成功的提高油料植物种子含油量的基因工程手段主要包括以下两个方面。

（1）增强油脂合成途径中关键酶的基因表达，包括超量表达脂肪酸合成途径关键酶如 ACCase 的基因，以提高脂肪酸合成能力和利用基因工程技术提高溶血性磷脂酸酰基转移酶(LPAAT)活性以增强脂肪酸与甘油骨架的结合能力。脂肪酸合成过程中，乙酰CoA羧化酶(ACCase)是一个限速步骤。Roesler等(1997)将从拟南芥中克隆得到的HO-ACCase的*ACC1*基因与叶绿体RUBISCO小亚基的转运肽序列相连，并导入油菜，其在油菜种子中超量表达，所产生的HO-ACCase以活性酶的形式被转运肽引导转移到叶绿体中。对分离的质体进行体外酶学分析发现，与质体本身所具有的ACCase相比，胚中表达的转运肽-HO-ACCase融合蛋白的活性要高1~2倍。转基因油菜不仅种子油酸含量有所增加，而且种子的总含油率也比对照提高5%。研究分析认为将细胞质活动的HO-ACCase定位在质体中，不仅保护了它不受细胞质中蛋白质代谢的影响，而且可以不受质体ACCase活性调节机制的作用，这些都是可能导致转基因油菜植株含油量增加的原因。Lassner等(1995)曾将meadowfoam中的编码溶血性磷脂酸酰基转移酶(LPAAT)的基因导入油菜，发现TAG的Sn-2位置上芥酸含量增加，总的含油量没有增加。而Zou等(1997)将酵母中的基因*SLC-1*在油菜和拟南芥中进行表达，发现该基因编码具有溶血性磷脂酸酰基转移酶(LPAAT)活性的蛋白质。将突变基因*SLC1-1*导入油菜和拟南芥后发现TAG的Sn-2位置上超长链脂肪酸增加而且种子中总脂肪酸的含量升高，该基因产物表现出对长链脂肪酸有更大的偏好性。由此看来，TAG的Sn-2位酯酰基形成是TAG合成的调控步骤，而酵母的LPAAT则不属于此调控系统，这与*HO-ACCase*基因在质体中表达产生高ACCase活性机制类似。

(2)增加脂肪酸合成底物来提高油脂合成水平。在国内，浙江省农业科学院陈锦清等(1999)采用底物竞争调控种子蛋白质/油脂含量比率的反义PEP路线，构建反义PEP基因表达载体，并导入油菜，抑制蛋白质合成关键酶PEPCase基因表达以增加脂肪酸合成底物PEP的供应。转基因油菜比对照含油量提高25%，最高含油量达到54%。实际上提高植物含油率依靠单个酶的作用是不够的，需要多个关键酶基因的聚合并利用转录因子提高植物脂肪酸整体代谢水平来推动。

2. 调节脂肪酸链的长度

脂肪酸碳链长度的改变是植物脂肪酸改良基因工程的重要目标之一。油料植物中所含的植物脂肪酸绝大部分是16碳或18碳脂肪酸，但是工业上具有重要用途的脂肪酸往往碳链长度介于6~24碳之间。因此，通过基因工程调节脂肪酸合成从而改变脂肪酸碳链长度成为必要。

现在已经从西蒙德木克隆出酮脂酰辅酶A合成酶(KCS)基因(Lassner et al.，1996)、从拟南芥中分离出*FAE1*和*KCS1*(Millar and Kunst，1997；James et al.，1995；Todd et al.，1999)、油菜中得到油菜*FAE1*(Barret et al.，1998；Clemens and Kunst，1997)等编码超长链脂肪酸的缩合酶基因。*KCS1*、*FAE1*、油菜*FAE1*

基因在种子中特异表达，参与种子内超长链脂肪酸的合成；KCS1 编码酮脂酰 CoA 合酶，既参与营养组织超长链脂肪酸合成，也在蜡的形成中发挥作用；FAE1 蛋白参与催化由 18 碳合成 20 碳及由 20 碳合成 22 碳脂肪酸（Kunst et al.，1992），编码该蛋白的基因与其他 3 个缩合酶基因：苯基苯乙烯酮合酶（CHS）、1,2-二苯乙烯合酶（STS）及大肠杆菌 KAS Ⅲ、菠菜 KAS Ⅲ 基因具有同源性，编码超长链脂肪酸特异的缩合酶。

月桂酸（lauric acid，C12:0）是一种中链脂肪酸，是制造表面活性剂的重要原料。椰子油、棕榈油中含有丰富的月桂酸，每年有几百万吨的月桂酸从这些植物中提取出来用于洗涤剂的加工生产。为了增加月桂酸含量，Jones 等（1995）从月桂酸的 cDNA 文库中筛选到了编码使植物富含月桂酸的 12:0-ACP 硫酯酶的基因 UcFatB1。后来，有研究人员将此基因与种子特异性启动子连接，并转化拟南芥和油菜，结果转基因的拟南芥中 12:0-ACP 硫酯酶活性比对照植物提高了 70 倍，获得月桂酸含量为 25% 的拟南芥种子，转基因油菜种子中月桂酸含量高达 60%（Volke et al.，1996）。在转基因油菜的进一步研究中发现，UcFatB1 不能在 TAG 的 Sn-2 位置上增加月桂酸含量。但是椰子中由于具有对月桂酸特异性的溶血磷酸酯酰基转移酶（LPAAT），因此椰子油中的月桂酸大多是在 TAG 的 Sn-2 位置上。Knutzon 等（1995）克隆了此酶的 cDNA，并将其和 UcFatB1 相连，共同转化油菜，使油菜中月桂酸含量提高到 70% 左右。

对于超长链脂肪酸（very long chain fatty acids，VLCFAs）的研究主要集中于芥酸（erucic acid，C22:1△³）。近些年也有涉及 EPA，DHA 等脂肪酸研究。植物油中的芥酸不利于人体健康，容易导致人体患冠心病和脂肪肝。因此，人们一直在培育低芥酸的油菜新品种，但是目前利用基因工程手段培育低芥酸品种还少见报道。另一方面，芥酸又是生产润滑剂、尼龙和塑化剂涂料等的重要原料，利用基因工程技术提高植物芥酸含量和产量具有重要的经济价值。研究发现，芥酸的合成与 FAE1 基因、β-酮酯酰基 CoA 合酶基因和 LPAAT 三个基因有直接的关系。将拟南芥 FAE1 基因导入烟草和油菜，均发现芥酸积累，而且芥酸含量与基因的拷贝数呈正相关（James et al.，1995；Millar and Kunst，1997）。用希蒙得木种子中分离得到的 KCS1 基因转化油菜，可使油菜种子中芥酸含量明显增加（Lassner et al.，1996）。关于 LPAAT 基因对芥酸合成的调控作用研究发现，有些植物中转化 LPAAT 基因能够提高芥酸含量，但是对有些植物则没有作用（Zou et al.，1997；Lassner et al.，1995；Broun et al.，1997）。DHA、EPA、ARA 等长链多不饱和脂肪酸在高等植物中无法合成，但是具有很重要的医药和工业价值。传统意义上人们都是从鱼类和海洋植物中获得。为了减少对鱼类资源的破坏，人们通过基因工程手段将 C20 多不饱和脂肪酸两种合成途径 $\triangle^8$ 和 $\triangle^6$ 途径分别引入拟南芥( Qi et al. 2004 )和亚麻( Abbadi et al. , 2004 )，发现转基因的拟南芥和亚麻籽中 EPA ( eicosapentaenoil acid, 20：$5^{\triangle 5,8,11,14,17}$ )和 ARA( arachidonic acid, 20：$4^{\triangle 5,8,11,14}$ )有低水平合成。Stan S. Robert 等将 zebrafish 中编码脂肪酸碳链延长酶和去饱和酶基因与植物种子特异性启动子相连接，并转化拟南芥，结果拟南芥中出现 DHA，EPA，ARA( Stan et al. , 2005 )。

3. 脂肪酸饱和度的调控

工业和食用方面对植物油的要求不同。衡量食用油的主要质量指标是营养价值、氧化稳定性和功能性 3 个方面。脂肪酸内双键的存在与否及其数量、位置的变化对其物理化学特性和营养价值都有着重要影响。从营养价值方面来说，食用油内不饱和脂肪酸含量越高、脂肪酸不饱和度越高，对人体健康越好，但是含较多的不饱和脂肪酸的食用油却存在氧化稳定性差的问题。在食品工业和生物柴油制造工业上，要求植物脂肪酸不饱和度不要太高，单不饱和脂肪酸含量高的油稳定性好。由于天然的植物油脂中不饱和脂肪酸含量占主要，因此工业上通常用氢化处理的方法来获得氧化稳定、饱和度较高的植物油，供食品工业和生物柴油工业加工使用，但是这种方法容易产生反式脂肪酸，增加心血管疾病发生的危险。往往根据脂肪酸用途需要，通过调控饱和脂肪酸合成酶和不饱和脂肪酸合成酶及延长酶来调控植物油脂中脂肪酸饱和度和不饱和度。

(1)增加脂肪酸饱和度(降低脂肪酸不饱和度)

植物硬脂酰-ACP 去饱和酶是合成单不饱和脂肪酸的关键酶，催化形成的油酸转运到类囊体或者细胞质膜上进一步以结合脂的形式去饱和。目前，已经从蓖麻子、红花、菠菜、大豆和翼叶山牵牛( *Thunbergia alata* )获得该酶基因 cDNA ( Shanklin and Somerville, 1991；Thompson et al. , 1991；Nishida et al. , 1992；Cahoon et al. , 1994a )。在利用基因工程增加脂肪酸饱和度方面，Knutzon 等( 1992 )首先报道将硬脂酰 ACP 去饱和酶基因与种子特异表达启动子相连接，构建反义表达载体并导入油菜。一些转基因油菜种子中硬脂酸含量从 12% 上升到 40%，油酸含量降低。Hawkins 等( 1998 )从倒捻子( *Garcimia mangostara* )中分离出了的一种硫酯酶( Garm FatA1 )，该硫酯酶对油酰 ACP 的亲和性是硬脂酰 ACP 亲和性的 3 倍。他们将该硫酯酶的基因导入油菜后，发现转基因油菜种子中硬脂酸含量显著增加。此外，还从鄂距花属植物中，先后分离出了多个编码中链硫酯酶的基因，并将两个硫酯酶基因( *ChFatB1* 和 *ChFatB2* )分别导入油菜，发现转 *ChFatB1* 基因的油菜种子内富集 16 碳酸( Jones et al. , 1995 )，转 *ChFatB2* 的油菜内 8：0 和 10：0 脂肪酸的含量显著增加( Dehesh et al. , 1996 )。

另外一种降低脂肪酸不饱和度的方法是利用基因工程降低植物油脂中多不饱和脂肪酸含量，增加单不饱和脂肪酸如油酸的含量，可以保证一定的营养价值，而且增加了油脂的稳定性，同时避免了工业加氢带来的危害。此外，高油酸的植物油可以直接生成具有很高应用价值的工业原料——杜鹃花酸（azelaic acid）（Topfer, 1995）。Hiz 等（1995）构建油酸脱氢酶基因（*FAD2*）反义表达载体，并导入油菜，转基因油菜种子的油酸含量增加到 83%。此外，Kinney 等（1997）将正义油酸脱氢酶基因导入大豆，Stoujesdijk 等（2000）将携带油酸脱氢酶基因的共抑制质粒转化油菜，均使得内源油酸脱氢酶基因沉默，转基因大豆和油菜的油酸含量分别增加到 88% 和 89%。

（2）增加脂肪酸不饱和度

增加脂肪酸不饱和度或者不饱和脂肪酸含量的方法通常是增加调控不饱和脂肪酸合成酶来促进不饱和脂肪酸含量。利用基因工程手段降低饱和脂肪酸或者增加不饱和脂肪酸含量主要从以下 3 个方面开展：①提高催化聚合反应酶基因的表达水平，制约棕榈酰硫酯酶的活性，提高硬脂酰 ACP 含量。Bleibaum 等（1993）将 β-酮脂酰 ACP 合成酶基因（*KS II*）导入油菜，并在油菜种子中特异性超表达，抑制棕榈酸合成，降低了棕榈酸的含量。②通过竞争抑制方法，将一种活性更强的硫酯酶基因导入植物中，降低本身的饱和脂肪酸酰基硫酯酶如棕榈酰或硬脂酰硫酯酶的活性，降低了饱和脂肪酸含量（Yadar et al., 1993）。③提高脱饱和酶基因的表达水平，促使饱和脂肪酸向不饱和脂肪酸的转变。将从酵母、小鼠或者蓝细菌中克隆得到的硬脂酰 CoA 脱饱和酶基因导入烟草，结果发现转基因烟草中饱和脂肪酸含量显著减少，不饱和脂肪酸含量升高（Grayburn et al., 1992; Ishizaki-Nishizawa et al., 1996）。

脂肪酸脱氢酶在催化脂肪酸脱氢、增加脂肪酸不饱和度等方面起着重要的催化作用。目前主要的脱氢酶种类有 $\triangle^5$、$\triangle^6$、$\triangle^9$、$\triangle^{12}$、$\triangle^{15}$ 脱氢酶等。其中，$\triangle^{12}$ 脱氢酶是 PUFA 代谢 n-3 和 n-6 途径的限速酶，只存在于植物和微生物中，在动物中不存在。具有 3 个组氨酸保守区，2 个疏水区，以 Cytb5 作为电子供体，主要在脂肪酸碳链上引入第二个双键，催化油酸转化成亚油酸。催化反应发生在内质网膜上，底物是卵磷脂上的 Sn 脂肪酸。Wada 等（1990）从蓝细菌（Synechocystis PCC6803）基因组文库中分离到 *D12D* 基因，长为 1053bp，编码 351Aa。后来，陆续从拟南芥（Iba et al., 1993）、高山被孢霉（Sakuradani et al., 1999）、曲米霉（Passorn et al., 1999）、芝麻（Jin et al., 2001）、花生（Jennifer et al., 2001）、棉花（Liu et al., 2001; Irma, 2001）中克隆得到质体或微粒体的 *D12D*。氨基酸序列中存在 4 个保守结构域和 15 个保守的组氨酸。将拟南芥 *D12D* 基因在酿酒酵母中成功进行表达，其表达水平受温度影响明显，当温度为15℃、22℃和28℃时，菌体中积累的亚油酸分别占脂肪酸含量的9.2%、6.4%、0.6%（W/W）。

在水稻中转入烟草 *NtFAD3* 基因，转基因植株亚油酸含量减少，亚麻酸含量增加（Kirsch et al.，1997）。

# 第二节　桐油和桐酸生物合成基本途径

## 一、桐油脂肪酸的组成

1. 桐油基本结构

桐油是油桐种子所榨取的脂肪酸甘油三酯混合物，主要是由3分子脂肪酸和1分子甘油脂化而成（图2-2）。桐油中 $R_1$，$R_2$ 和 $R_3$ 所代表的脂肪酸主要为桐酸，含量约80%，桐油容易氧化干燥，耐酸碱、耐高温等。

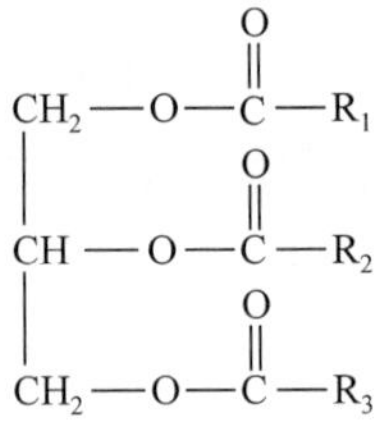

$$
\begin{array}{c}
\quad\quad\quad O \\
\quad\quad\quad \| \\
CH_2-O-C-R_1 \\
\quad\quad\quad O \\
\quad\quad\quad \| \\
CH-O-C-R_2 \\
\quad\quad\quad O \\
\quad\quad\quad \| \\
CH_2-O-C-R_3
\end{array}
$$

**图 2-2　桐油结构式示意**

$R_1$，$R_2$，$R_3$ 所代表的脂肪酸主要为桐酸，其结构式为 $CH_3$
$(CH_2)_3CH=CHCH=CHCH=CH(CH_2)_7COOH$。

桐油为澄清透明液体，密度（20/4℃）为 0.9360 ~ 0.9395，折射率（20℃）为 1.5170 ~ 1.5220，碘值为 163 ~ 173，皂化值为 190 ~ 195，酸价（mg KOH/g）为 < 5%。

2. 桐油脂肪酸的组成

桐油脂肪酸主要含有棕榈酸（C16:0，palmic acid）、硬脂酸（C18:0，steric acid）、油酸（C18:1，oleic acid）、亚油酸（C18:2，linoleic acid）、亚麻酸（C18:3，linoleinic acid）和桐酸（C18:3，eleosteric acid）。各主要脂肪酸在种子成熟过程中含量会发生变化（表2-3），其中棕榈酸在种子成熟早期（7月17 ~ 31日）下降很快，从14.31%下降至5.42%；亚油酸起点最高，在种子成熟过程中含量逐渐降低，由27.50%下降至9.16%；亚麻酸在种子成熟早期（7月17日至8月13日）下降最快，从15.90%下降至0.21%（表2-3）；在所有脂肪酸中，只有桐酸含量呈上升趋势，桐酸含量的增加与棕榈酸、亚油酸、亚麻酸含量的降低密切相关。

**表 2-3  不同时期油桐种仁脂肪酸组分测定**

| 月－日 | 棕榈酸 C16:0 | 硬脂酸 C18:0 | 油酸 C18:1 | 亚油酸 C18:2 | 亚麻酸 C18:3 | 桐酸 C18:3 |
|---|---|---|---|---|---|---|
| 7－17 | 14.31 | 3.53 | 5.18 | 27.50 | 15.90 | 25.24 |
| 7－31 | 5.42 | 2.92 | 7.58 | 17.17 | 1.09 | 63.00 |
| 8－13 | 3.31 | 1.67 | 5.11 | 11.89 | 0.21 | 76.20 |
| 8－27 | 3.74 | 2.75 | 7.42 | 13.82 | 0 | 72.28 |
| 9－10 | 2.50 | 1.95 | 7.99 | 9.11 | 0 | 77.47 |
| 9－24 | 2.35 | 2.17 | 8.03 | 7.85 | 0 | 77.49 |
| 10－09 | 2.46 | 2.21 | 8.52 | 8.16 | 0 | 77.82 |
| 10－22 | 2.53 | 2.01 | 7.38 | 9.16 | 0 | 78.92 |

3. 桐酸的结构特征

桐油中桐酸含量占脂肪酸总量的 80% 左右，是决定桐油性质的主要物质。桐酸是一种比较稀有的共轭脂肪酸，有 α、β 两种异构体。α 型桐酸的甘油酯为液体，是桐油的主要成分，占桐酸含量的 90%，β 型桐酸甘油酯是固体。桐酸分子结构式如图 2-3，含有 3 个共轭双键，与苯核的共轭体系相似，含一个离域大π键。这种结构可以产生桐油化学衍生物，称之为桐油簇化合物。桐酸的酸价（酸值）和碘价（碘值）是重要的质量指标。

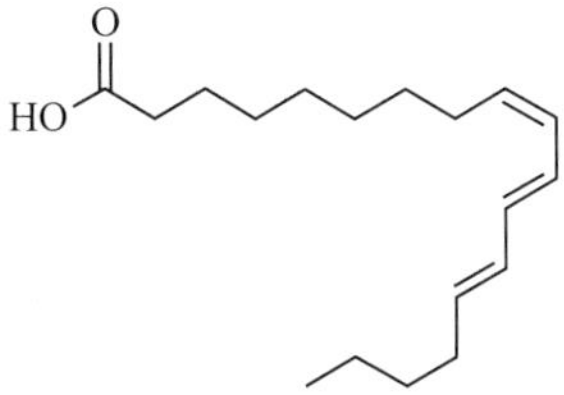

**图 2-3  桐酸分子结构式**

利用桐酸甲酯具有的共轭双键与不同的亲二烯发生 Diels-Alder 加成，可以生成一系列不同功能的衍生物（Bufkin et al., 1976；黄坤，2008），将桐酸甲酯和丙烯酸发生 Diels-Alder 加成可得到 C21 二元酸（TMAA），以此为原料制备生物柴油（夏建陵等，2009）。

## 二、桐油及桐酸生物合成的基本途径

桐油的生物合成包括桐酸等脂肪酸的生物合成和桐油生物合成两部分（图 2-4），主要包括以下几个步骤。

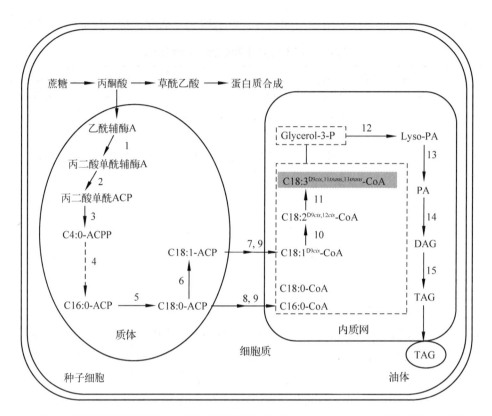

**图2-4 桐油脂肪酸及油脂合成基本途径示意**（参考 Kuo and Gardner，2002 修改补充）

桐油脂肪酸及油脂合成基本途径包括脂肪酸从头合成（在质体中）、脂肪酸与甘油的酯化反应（在内质网中）以及甘油三酯的贮藏（在油体中）。图中阴影标记部分为桐酸，（1）乙酰辅酶 A 羧化酶，acetyl-CoA carboxylase，ACCase，（2）丙二酸单酰 CoA-ACP 转移酶，malonyl-CoA：ACP transacylase，（3）β-ketoacyl-acyl carrier protein synthase（KAS III），β-酮脂酰-ACP 还原酶 β-ketoacyl-ACP reductase，β-羟脂酰-ACP-脱水酶 β-hydroxy acyl-ACP dehydrase，烯酰基-ACP 还原酶 enoyl-ACP reductase，（4）β-ketoacyl-acyl carrier protein synthase（KAS I），β-酮脂酰-ACP 还原酶 β-ketoacyl-ACP reductase，β-羟脂酰-ACP-脱水酶 β-hydroxyacyl-ACP dehydrase，烯酰基-ACP 还原酶 enoyl-ACP reductase，（5）β-ketoacyl-acyl carrier protein synthase（KAS II），β-酮脂酰-ACP 还原酶 β-ketoacyl-ACP reductase，β-羟脂酰-ACP-脱水酶 β-hydroxyacyl-ACP dehydrase，and enoyl-ACP reductase，（6）硬脂酰-ACP 去饱和酶，$\Delta^9$ stearoyl-ACP desaturase，（7）硫酯酶 A，thioesterase（Fat A），（8）硫酯酶 B，thioesterase（Fat B），（9）乙酰辅酶 A 合成酶，acyl-CoA synthetase，（10）油酸去饱和酶，tung $\Delta^{12}$ oleate desaturase，（11）桐酸去饱和酶，fatty acid $\Delta^{12}$ desaturace converted lino-leic acid into α-eleostearic acid，FADX，（12）甘油脂酰基磷酸转移酶，glycerol-3-phosphate acyl transferase，GPAT，（13）溶血磷脂酸酰基转移酶 lyso-phosphatidic acid acyl transferase，LPAAT，（14）磷脂酸磷酸酶 phosphatidic acid phosphatase，（15）二酰甘油脂酰基转移酶 diacylglycerol acyl transferase，DGAT。

　　1. 在种子的发育过程中，蔗糖作为主要碳源，通过糖酵解途径转变成己糖，并氧化生成脂肪酸合成的前体物乙酰辅酶 A（acetyl-CoA）（Nikolau et al.，2003）。

2. 乙酰辅酶 A 在乙酰辅酶 A 羧化酶(acetyl-CoA carboxylase，ACCase)的催化下，形成丙二酰单酰辅酶 A，后者与酰基载体蛋白(acyl-carried proteins，ACP)结合，进入脂肪酸合成途径。

3. 在脂肪酸合成酶(fatty acid synthase complex，FAS)的作用下，丙二酰单酰辅酶 A 进行连续聚合反应，每一个循环增加 2 个碳原子，合成不同碳链长度的饱和脂肪酸，棕榈酸($C16:0$，palmic acid)、硬脂酸($C18:0$，steric acid)。

4. 随后，在脂肪酸脱氢酶的催化下，经过还原反应、脱水反应，在此还原反应，逐步缩合生成了油酸($C18:1$，oleic acid)、亚油酸($C18:2$，linoleic acid)、亚麻酸($C18:3$，linoleinic acid)和桐酸($C18:3$，eleosteric acid)。

5. 酰基碳链与酰基载体蛋白(acyl-carried proteins，ACP)结合，在酰基-ACP硫酯酶的作用下合成酰基辅酶 A。酰基辅酶 A 在内置网上经 3-磷酸甘油酰基转移酶(glycerol-3-phosphate acyltransferase，GPAT)、溶血性磷脂酸酰基转移酶(lyso-phosphatidic acid acyltransferase，LPAAT)、二酰甘油酰基转移酶(diacylglycerol acyltransferase，DGAT)以及磷脂酸磷酸水解酶的作用下，与 3-磷酸甘油合成三酰甘油酯(Jako et al.，2001)。

# 第三节　桐油生物合成分子机制

挖掘调控桐油富含的稀有脂肪酸"桐酸"的主控分子，对阐明桐油生物合成分子机制以及指导油桐基因工程育种有重要指导意义。桐油生物合成遵循植物油脂合成的基本途径，因为缺乏基因组信息，目前还主要集中在催化脂肪酸生物合成的去饱和酶基因、桐油油脂合成的关键酶基因以及一些调控因子上。

## 一、调控脂肪酸合成的关键酶基因

### 1. 乙酰辅酶 A 羧化酶 ACCase

丙酮酸脱氢酶 PDH 催化丙酮酸合成乙酰 CoA 进入脂肪酸代谢，PEPCase 催化丙酮酸合成草酰乙酸进入蛋白质代谢，这两种酶的相对活性是调控丙酮酸进一步代谢的关键调控点。理论上，提高乙酰辅酶 A 羧化酶的活性或抑制 PEPCase 酶的活性，可以促进油脂合成(陈锦清等，1999；官春云，2002)。油菜种子中 PEPCase 活性受到抑制后，油脂含量明显提高。

ACCase 存在两种类型：一种为同质型(HOM-ACCase)，属单亚基酶；另一种是异质型，由 4 个亚基组成，有 4 个不同的基因编码。将拟南芥中的 HOM-AC-Case 基因与油菜种子特异表达启动子 napin 融合表达，转化油菜，发现油菜籽中

ACCase 的活性是对照的 10 ~ 20 倍，油脂含量提高约 5%（Roseler et al.，1997）。异质型 ACCase 活性的提高需要 4 个亚基同时表达组成活性单位，难度较大。因此异质性 ACCase 作为遗传改良靶基因还比较困难（Thelen and Ohlrogge，2002）。

2. 脂肪酸合成酶（fatty acid synthase complex，FAS）

FAS 是脂肪酸合成的另一类调控酶（Thelen and Ohlrogge，2002）。FAS 是一类多酶复合体，由酰基载体蛋白 ACP、酮脂酰-ACP 合酶（KAS）、酮脂酰-ACP 还原酶、羟脂酰-ACP 脱水酶、烯脂酰-ACP 还原酶和脂酰-ACP 硫酯酶等组成。但似乎 KAS 的过表达并不能使 TAG 含量提高（Dehesh et al.，2001）。

3. 油酸去饱和酶基因 FAD2

油酸去饱和酶 FAD2 是负责植物体内非光合器官中产生亚油酸的关键酶，其催化的油酸生成亚油酸的过程也是产生不饱和脂肪酸的主要途径，在植物体脂肪酸代谢过程中具有举足轻重的作用。目前，多种植物如拟南芥（Okuley et al.，1994）、油菜（Marillia and Taylor，1999）、大豆（Heppard et al.，1996）、芝麻（Yukawa et al.，1996）等的 FAD2 基因已被克隆出来，并应用于转基因作物的研究中。在一些作物中，FAD2 基因是以多拷贝形式存在的，而且不同的 FAD2 基因拷贝具有不同的表达模式（Martinez-Rivas et al.，2001；Mikkilineni and Rocheford，2003；Heppard et al.，1996；Schlueter et al.，2007；Hernández et al.，2005）。

Cahoon 等从油桐中分离到两个 FAD2 类酶的开放阅读框（Cahoon et al.，1999），通过在酵母中同源表达表明其中一个能编码共轭酶，与从 Morordica cbarantia 和 Impatiens balsamina 中克隆到的 FAD2 具有序列同源性。各种去饱和酶编码基因的多拷贝现象使人们利用突变筛选调整油酸和亚油酸比例的设想受到阻碍，同时也使人们在分子水平上调控去饱和酶活性的研究受到影响。

4. α-桐酸合成酶基因 FADX

α-桐酸合成酶是催化亚油酸转化生成桐酸的关键酶（Dyer et al.，2002）。中国林业科学研究院亚热带林业研究所对 FADX 基因进行了克隆、生物信息学分析以及反义表达载体的构建（汪阳东等，2008）。

（1）FADX 基因序列生物信息学分析

在 NCBI 上（http：//www. ncbi. nlm. nih. gov/BLAST/）对测序结果进行核苷酸序列的比对，核酸序列分析采用 DNAMAN 软件。用 Expasy 站点的 ProtParam 工具（http：//cn. expasy. org/tools/protparam. html）和 Antheprot 软件预测蛋白质的理化性质；用 ProtScale 工具（http：//cn. expasy. org/cgi-bin/protscale. pl）预测亲水性轮廓；用 TMHMM 服务器（http：//www. cbs. dtu. dk/services/TMHMM-2. 0/）预测跨膜信息；用 InterProScan（http：//www. ebi. ac. uk/InterProScan/）预测蛋白

质功能域和结构域；用 Signal P3.0 服务器预测可能的信号肽剪切位点（http：//www. cbs. dtu. dk/services/SignalP/）；用 Motif Scan 搜寻已知功能序列（http：//myhits. isb-sib. ch/cgi-bin/motif_ scan）。

用 ExPASy 的 ProtParam 在线工具和 Antheprot 软件对该基因编码的蛋白质的基本特性进行分析，结果为：相对分子量是44343.0Da；理论等电点为8.33；pH 等于7.0时电荷为4.553。二级结构预测表明，该蛋白 α-螺旋含量占29%，β-折叠占32%，转角占6%，无规则卷曲占33%。估测蛋白质代谢半衰期在人类体外网织红细胞为30h，酵母细胞大于20h，大肠杆菌细胞大于10h；不稳定指数为45.70，被分类为不稳定蛋白。ProScale 工具预测亲水性轮廓，参数采用默认的 Kyte & Doolittle 标度，预测结果如图 2-5。纵轴所示"0"以上的区域为亲水性区域，以下的为疏水性区域。从图 2-5 中可见，氨基酸序列中亲水性和疏水性区域间隔存在，小部分为中性。

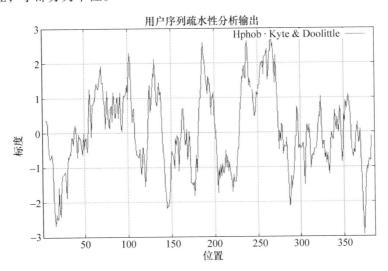

**图 2-5 利用 Kyte & Doollrde 标度预测的 *FADX* 基因编码蛋白的亲水性轮廓**

应用 TMHMM 模型预测跨膜螺旋的存在及拓扑结构，结果如图 2-6 所示。图中标明了膜外区、跨膜区和膜内区的区段及穿膜方向，可见该序列存在 5 个跨膜螺旋，分别位于 58~80aa，84~106aa，182~199aa，226~243aa 和 250~272aa。

通过 Signal P3.0 服务器预测可能在第16和17 氨基酸之间存在一个信号肽剪切位点。InterProScan 分析发现该序列 57~148aa 处存在一个脂肪酸脱氢酶亚结构域，92~343aa 处存在一个典型的脂肪酸脱氢酶结构域，这与 Motif Scan 预测的结果一致。

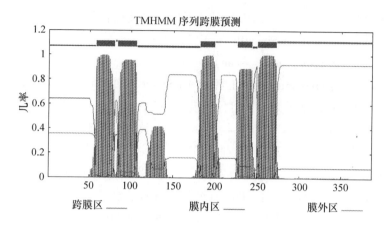

图 2-6　TMHMM 预测的跨膜螺旋结构

（2）*FADX* 基因克隆及反义表达载体构建

根据 GenBank 上基因登陆信息，设计特异性引物，利用油桐种仁 cDNA 为模板，进行 PCR 扩增，形成黏性末端，插入植物表达载体 pBI121，结果见图 2-7、图 2-8。

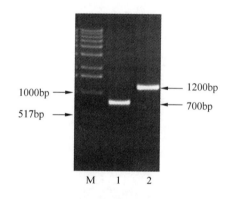

图 2-7　反义表达载体 pBI121*FADX* NPT II
和 *FADX* 基因 PCR 联合检测

（M：1kb Marker；1：NPT II；2：*FADX*）

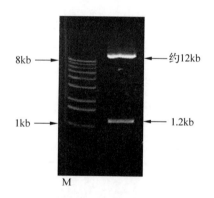

图 2-8　反义表达载体 pBI121*FADX*
的双酶切电泳

（M：1kb DNA Marker）

通过生物信息学的分析发现（图 2-9），克隆出的基因全长 1221bp，含有一个开放阅读框（14～1174bp），编码 386 个氨基酸，含有一个跨膜 5 次的螺旋结构、一个信号肽剪切位点、一个脂肪酸脱氢酶结构域和一个亚结构域，可知该蛋白属于脂肪酸脱氢酶。但是，FADX 作用方式、作用部位和功能还有待于进一步的研究分析。同时，油桐的快速繁殖技术以及遗传转化体系的研究，对进一步探明 FADX 参与的桐酸合成分子途径有重要意义，同时也是分子改良的重要基础。

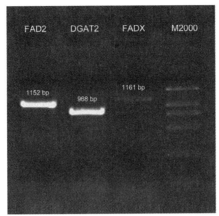

图 2-9  油桐 *FAD2*，*FADX*，*DGAT2*
基因克隆的琼脂糖凝胶电泳图
（M：DL2000 DNA Marker）

## 二、参与桐油合成的关键分子

油料植物 TAG 合成主要有两种途径，即乙酰辅酶 A 依赖和非依赖途径（图 2-10）。乙酰辅酶 A 依赖途径，即经典的 Kennedy 途径，其中关键酶分子包括：GPAT（G-3-P acyltransferase）、LPAAT（lyso PA acyltransferase）、DGAT（diacylglycerol acyltransferase）。乙酰辅酶 A 非依赖途径，一是 PDAT（phospholipids：diacylglycerol acyltransferase）通过转移 PC 的 Sn-2 位置的脂肪酸至二酰甘油骨架形成 TAG 和 LPC；二是，DGAT 以两分子 DAG 为原料产生 TAG 和 MAG（Weselake et al. ，2005）。

油脂合成途径中关键酶 3-磷酸甘油酰基转移酶（glycerol-3-phosphate acyltransferase，GPAT）、溶血性磷脂酸酰基转移酶（lyso-phosphatidic acid acyltransferase，LPAAT）、二酰甘油酰基转移酶（diacylglycerol acyltransferase，DGAT）的调控可能都可以增强油脂的积累。红花的 GPAT 转化拟南芥后发现可以使油脂含量提高 11%（Jain et al. ，2000）。突变体酵母种表达 LPAAT 编码基因导入油菜种子中使油脂含量提高 7.6% ~ 13.5%（Zou et al. ，1997）。酵母 LPPT 编码基因转化油菜可以显著提高油菜籽含量 3 ~ 5%（Katavic et al. ，2000）。大量研究表明，DGAT 可能是 TAG 生物组装过程中的限速酶（Setiage et al. ，1995；Perry et al. ，1999）。拟南芥中编码 *DGAT* 基因的一部分过表达后，油脂含量提高了 9% ~ 12%（Jako et al. ，2001）。

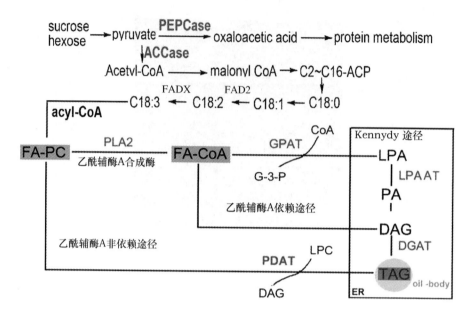

**图2-10** 桐油脂肪酸及甘油三酯生物合成分子途径示意（Weselake et al.，2005）

ACCase：乙酰辅酶 A 羧化酶；GPAT：3-磷酸甘油酰基转移酶；LPAAT：溶血性磷脂酸酰基转移酶；DGAT：二酰甘油酰基转移酶。

### 1. 二酰甘油酰基转移酶基因 *DGAT*

二酰甘油酰基转移酶（diacylgycerol acyltransferase，DGAT）是一类完整的内质网细胞微粒体酶，是催化三酰甘油（triacylgycerol，TAG）合成最后步骤的限速酶。DGAT 广泛存在于叶片、花瓣、果实、花粉囊以及发育的种子等不同器官中（Hobbs et al.，1999）。种子油脂积累的速率与 DGAT 活性密切相关，在油脂积累活跃时期，DGAT 的活性迅速增加，当油脂积累到高大值时，其活性显著降低（Tzen et al.，1993）。Jako 等（2001）利用胚胎特异性启动子驱动 *DGAT* 在拟南芥种子中超表达，结果导致种子总含油量增加。DGAT 在控制脂肪酸转运流向储存到 TAG 的定量（Ichihara et al.，1988）和定性（Vogel and Browse，1996；He et al.，2004）过程中起着重要作用。油桐中 DGAT2 被报道对油脂含量及其脂肪酸组分有重要的调节作用（Cahoon et al.，2007）。

到目前为止，在植物中共发现 3 类 *DGAT* 基因家族，包括 *DGAT1*、*DGAT2* 和 *DGAT3* 基因家族（Saha et al.，2006；Lehner and Kuksis，1996）。目前对植物 *DGAT2* 的研究还处于起步阶段，在拟南芥（GenBank 登录号 NM115011）、油菜（GenBank 登录号 AY916129）、蓖麻（Nykiforuk et al.，1999）、油桐（Shockey et al.，2006）等植物 *DGAT* 被相继报道。

油桐中 DGAT 存在 2 类基因家族。Shockey 等对油桐 DGAT 的定位、功能进行了较为系统的分析(Shockey et al.，2006)。Shockey 等比较了油桐的二酰甘油酰基转移酶 DGAT1 和 DGAT2 在遗传、功能、细胞特性等方面的不同，发现这两个酶由同一个基因编码，但功能并不冗余。油桐 *DGAT1* 基因(Genbank 登录号：DQ356680)油桐 *DGAT2* 序列(Genbank 登录号 DQ356682)分别定位于内质网不同部位，并且不存在交叉。利用酵母研究体系发现，*DGAT2* 基因在三价共轭脂肪酸，即桐油的主要成分合成中起着关键作用(Shockey et al.，2006)。

2. 桐油贮藏亚细胞器——油体

油体几乎存在于所有积累油脂的植物组织中，是植物体内最小的亚细胞器。在油桐中，桐油主要以油体亚细胞器的形式贮藏在油桐种仁中。关于植物种子油体及其主要结合蛋白，生物学家已经积累了很丰富的研究数据，相关综述报道也很多(Huang 1992 and 1996；Napier et al.，1996；Galili et al.，1998；Frandsen et al.，2001；Murphy，2001)，特别是关于油体及油体蛋白对油脂的调控机理上，为我们研究提供了很多参考。

(1)油体的大小和组分

油体大小和成分含量在不同植物种类群中有较大的差异(Tzen et al.，1993)，并且受外界环境的调节。除了在富含油脂的种子或果实中存在油体，在贮藏油脂的组织中，在某些发育阶段也能检测到细胞质油体的存在，如块茎、叶片、根、花药、花粉粒等(Huang AHC，1996)。油体直径一般为 $0.5 \sim 2.5 \mu m$。这种较小体积的膜面积为脂酶提供了最大的作用面积。通过电镜观察可以看出，油体外围是电子密度层，内部是不透明的基质。油体主要成分包括：三酰甘油酯(TAG)、磷脂(PL)和油体相关蛋白 Oleosin、Caleosin 等(图 2-11)。

(2)油体的结构特征

油体一般被认为是由磷脂单分子层及镶嵌的油体结合蛋白组成的"半单位"膜包裹着三酰甘油酯(Tzen et al.，1993；Hsieh and Huang，2003)。这个半单位膜的基本单位是由 13 个磷脂分子和 1 个镶嵌蛋白 Oleosin 分子组成，其中磷脂占油体表面积的 80%，Oleosin 占 20%。每个磷脂分子疏水酰基端朝向内部 TAG 基质，亲水端朝向胞浆。Oleosin 分子的疏水区域形成柄状结构，伸入油体内部，其余部分在覆盖在油体表面(Hsieh and Huang，2003)(图 2-11)。

3. 油桐油质蛋白编码基因 Oleosin

Oleosin 是一类油体特殊贮藏蛋白，主要在植物种子中特异表达，属于疏水碱性蛋白，在植物种子中相对分子量 $15 \times 10^3 \sim 26 \times 10^3$。一般认为 Oleosin 是主要油体特有蛋白，但也发现约 5% 的 Oleosin 存在于靠近油体的内质网上(Lacey et

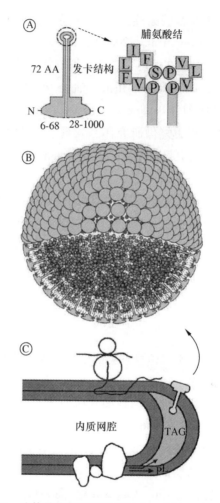

**图 2-11 油体结构特征示意**(Hsieh and Huang，2003)

A. Oleosin 存在两个疏水端和保守脯氨酸结(proline knot)-PX$_5$SPX$_3$P-，对 Oleosin 靶向结合在油体表面起重要作用(van Rooijen and Moloney，1995)；B. 油体是由磷脂单分子层及镶嵌的油体结合蛋白组成的"半单位"膜包裹着三酰甘油酯；C. TAG 以油体在内置网上合成并与 Oleosin 结合，最后通过胞膜释放出。

al.，1999；Sarmiento et al.，1997)。

研究发现，裸子植物中只有一种 Oleosin 蛋白，而被子植物中大多存在两种同型异构体，高分子量同型异构体和低分子量同型异构体(Tzen et al.，1990)，且不同植物间存在的同型体具有较高同源性(Sorgan et al.，2002)。我们首次从油桐分离了 Oleosin 的 5 个转录本序列，发现存在 5 个同型异构体，其中 2 个为高分子量异构体(H-OLE)，3 个为低分子量同型异构体(L-OLE)(图 2-12)，与其他油料植物 Oleosin 蛋白的同源性分析结果显示，油桐 Oleosin 与蓖麻、麻疯树的序列同源性最高（周冠等，2009）。

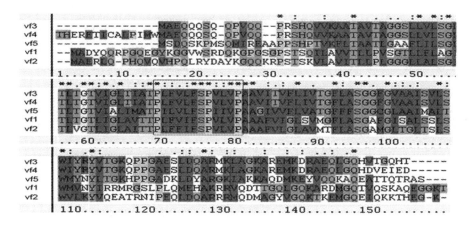

图 2-12　油桐种仁 Oleosin 氨基酸序列分析，发现存在典型的
脯氨酸结（proline knot）-PX$_5$SPX$_3$P-

目前许多植物的 *Oleosin* 基因和氨基酸序列都有报道，包括油菜 *Brassica cam pestris*、玉米 *Zea mays* 、大豆 *Glycine max*、拟南芥、向日葵 *Helianthus annuus*、棉花 *Gossypium hirsutum*、芝麻 *Sesam um indicum*、水稻 *Oryza sativa*、小麦 *Triticum aestivum* 和木本油料植物油茶 *Camellia oleifera*、麻疯树 *Jatropha curcas*（眭顺照等，2003；Kim et al.，2002）。我们首次分离了油桐 Oleosin 的 5 个转录本序列，并对其氨基酸序列进行了功能分析，发现存在两个疏水端和保守脯氨酸结（proline knot）-PX$_5$SPX$_3$P-，对 Oleosin 靶向结合在油体表面起重要作用（van Rooijen and Moloney，1995）。这与 Oleosin 氨基酸序列的基本结构域特征一致：两端氨基酸为亲水性和亲脂性区域，中间为保守的疏水区域，由 68 ~ 74 个氨基酸组成，形成发夹结构插入 TAG，其顶端为脯氨酸结连接（Frandsen et al.，2001）。

油质蛋白在油体发生到分解消失过程中起着重要的生物学作用，在植物基因工程研究中有重要的应用价值。最新研究通过 RNAi 实验表明，Oleosin 决定了油体的大小和数量，即决定油脂的含量高低（Siloto et al.，2006）。因此，油体蛋白 Oleosin 在调控油脂含量过程中也是关键因子之一。

同时，我们分离了油体，并对油体贮藏蛋白进行了 SDS-PAGE，发现除 Oleosin 还存在其他蛋白。此外，根据 Oleosin 氨基酸序列，我们构建了木本油料植物 Oleosin 基因系统发生树（图 2-13），发现虽然油桐、油茶等有多个转录本，但大致分为两类，功能上区别有待于进一步研究。

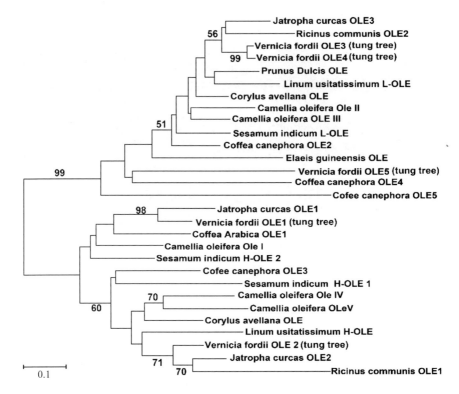

图 2-13　油桐 Oleosin 与木本油料植物 Oleosin 基因系统发生树的构建

油桐 Oleosin 5 个同型异构体，其中 2 个为高分子量 Oleosin 蛋白（H-OLE），分别于麻疯树、蓖麻 Ricunus communis 的高分子量 Oleosin 同源性较高；3 个为低分子量 Oleosin 蛋白（L-OLE），分别与麻疯树、蓖麻、咖啡 Coffea canephora 的高分子量 Oleosin 同源性最高。

## 三、参与桐油及桐酸生物合成的关键酶基因分离及功能分析

油桐种仁中催化油酸转化为亚油酸，以及亚油酸转化生成桐酸的去饱和酶关键基因都相继被分离（Dyer et al.，2002），并且在桐油生物合成过程中的二酰甘油酰基转移酶 DGAT2 也已经被分离（Shockey et al.，2006）。这些重要性状基因的分离为阐明桐油生物合成分子机制及分子育种奠定了基础。同时，随着测序技术的快速发展，文库测序及转录组测序工作可以提供更多信息。

### （一）基因获取研究方法

油桐中关键酶基因的分离过程包括以下几个步骤：RNA 提取、文库构建、测序比对、基因全长测序、功能鉴定。

1. RNA 提取

从植物中获得质量高、纯度好的 RNA 是进行 Northern 杂交分析，建立 cDNA 文库，基因表达调控分析及基因克隆等分子生物学研究的基础和前提。目前提取植物总 RNA 的方法很多，较常用的有 Trizol 法（Gehrigh et al.，2000）、CTAB 法（Hu et al.，2002）、异硫氰酸胍法（Chomxzynski et al.，1987）、高氯酸盐法（Boss et al.，1996）等，并且商业化的试剂盒也已广泛应用于其中。

作为木本植物的油桐较其他植物组织含有大量的多糖、酚类等次生代谢物，常规的提取方法很难得到高质量的 RNA。目前有关油桐组织总 RNA 提取方法的研究报道不多，汪阳东、周冠（汪阳东等，2007；周冠等，2009）采用改良 Trizol 法从油桐种仁中成功提取 RNA。由于植物不同组织内含物成分不同，在实际实验操作过程中对 RNA 提取的要求不一样，所以需要探索并建立起提取油桐组织总 RNA 的一套有效方法。以油桐叶片和种仁为实验材料，采用改良 Trizol 法、改良 CTAB-LiCL 法、异硫氰酸胍法、试剂盒法分别进行实验，通过比较分析以期得到适合油桐叶片和种仁的高效提取 RNA 的方法。

（1）改良 CTAB-LiCL 法

在经典的 CTAB-LiCL 法的基础上用无水乙醇和 β-巯基乙醇先清洗样品去除表面杂质，LiCL 反应终浓度至 2.0mol/L，为缩短反应时间 LiCL 沉淀方式改为冰浴沉淀 10min。具体操作过程如下：

①在 1.5mL 离心管中加入 700μL 无水乙醇和 60μLβ-巯基乙醇，混匀后置于冰上；

②预冷研钵，将油桐组织在液氮中快速研磨成粉末；

③取约 0.2g 组织加入离心管中，振荡 1min，冰浴 10min；

④ 4℃，12000rpm，离心 2min；

⑤弃上清液，加入 CTAB 提取液 700μL（65℃预热）、β-巯基乙醇 60μL，振荡 1min，65℃水浴 5min，其间摇动几次，迅速置于冰上；

⑥加入 700μL 氯仿，振荡 1min 后，4℃，12000rpm，离心 10min；

⑦取上清液，加入 0.5 倍体积无水乙醇和 0.8 倍体积 5mol/L LiCL，混匀后冰浴 10min；

⑧4℃，12000rpm，离心 10min，弃去上清；

⑨沉淀用 70% 乙醇洗涤两次；

⑩用 700μL DEPC 水稀释沉淀，重复步骤⑧和步骤⑨，自然晾干，用 20μL DEPC 处理水溶解沉淀，保存于 -80℃。

（2）异硫氰酸胍法

为便于实验室操作，在李志能等（2007）的提取方法基础上从 10mL 剂量改进为 1.5mL 小剂量提取。具体操作过程如下：

①取 0.2g 左右植物组织放入研钵中，反复加入液氮充分研磨至粉末状；转移到加入 500μL 异硫氰酸胍溶液的离心管中。

②置于冰上，顺序加入：50μL 2mol/L NaAc，混匀，0.5mL 水饱和酚，170μL 氯仿:异戊醇(24:1)，混匀；置冰上 15min。

③各管平衡后，4℃，12000rpm，离心 20~30min；转移上清到另一管中，加入等体积的异丙醇，混匀，-20℃沉淀 30min；4℃，12000rpm，离心 20min，回收 RNA。

④用 70% 乙醇洗一次，4℃，12000rpm；离心 5min；吸去乙醇，空气中吹干 RNA 沉淀；用 150μL 异硫氰酸胍溶液，65℃吹打 RNA 沉淀溶解。

⑤加等体积异丙醇（-20℃预冷）-20℃沉淀 30min；4℃，12000rpm，离心 20min，回收 RNA。

⑥用 70% 乙醇洗两次后，自然晾干，溶于 20μL DEPC 处理水中，-80℃保存。

（3）试剂盒法

具体操作按 NORGEN 试剂盒说明书进行。

2. 桐油种仁 cDNA 文库分析

真核生物基因组的数量是庞大的，但是真正编码基因的序列只有 2%~3%，为了快速地获得这些编码表达基因的信息，Adams 等（1991）首次提出了 EST 计划。EST 是指从 cDNA 文库中随机挑取克隆并对其 3′或 5′端进行单轮测序所获得的短的 cDNA 序列。该序列代表一个完整基因的一小部分，一般长度为 300~500bp，只含有基因编码区域。因此，EST 可代表生物体某种组织某一时间的一个表达基因，所以被称之为"表达序列标鉴"（EST）。1992 年 EST 数据库（dbEST）正式建成，专用于收录测序工作者提交的不同物种的 ESTs。利用 EST 可用于构建遗传学图谱，包括遗传图谱、物理图谱和转录图谱；分离和鉴定新基因；基因表达谱的研究；比较基因组学和基因芯片制备等。来自不同组织和器官的 EST 也为基因的功能研究提供了有价值的信息。当一个已知功能和特征的基因从一个植物中克隆出来后，就可以通过 EST 数据库去鉴定另一种植物中的具有同样特征的直向同源基因。利用 EST 技术可鉴定和发现新基因，通过对 EST 序列及其所代表的氨基酸序列在数据库中进行同源比对，就可对该 EST 所代表的基因功能进行分析和鉴定。将某一特异组织或某一生长发育阶段随机测序所得的 EST

在 dbEST 中进行同源查找，由 EST 序列按密码子推出的氨基酸序列在蛋白质信息资源数据库（PIR）中进行同源查找，这样就可以根据它们是否同源比对，对比基因进行判断。

目前，表达序列标签技术广泛应用在植物功能基因组学研究上。在甜杨（林元震等，2006）、棉花（罗明等，2007）、油茶（谭晓风等，2006）等领域开展了相关工作，并筛选获得了一些重要性状基因。油桐在遗传资源方面有着坚实的遗传基础，这为从分子水平探讨遗传发育机制、筛选重要性状基因奠定了基础。中国林业科学研究院亚热带林业研究所利用成熟过程中的油桐种仁进行了 cDNA 文库的构建和测序工作（周冠等，2009；Chen et al.，2010）。

（1）材料与方法

用 Trizol 法提取 8 月下旬的油桐种仁的总 RNA 后，再用磁珠法分离纯化 mR-NA，将总 RNA 浓缩后再过磁珠得到的 mRNA 质量较好。cDNA 合成及文库构建参照 Stratagene 公司的 cDNA Synthesis Kit 提供的方法：以 5μg mRNA 为模板合成 cDNA，对 cDNA 末端进行平滑化，连接 EcoR I Adap ters，用 Xho I 酶切后的产物按照 Clontech 公司建议的方法过柱，收集过柱液约 40μL，取 3μL 电泳检测，然后收集大于 500 bp 的 cDNA 片段。将目的片段连接入 Uni2ZAP XR vector 载体后，用 Gigapack III Gold Packaging Extract 体外包装，得到 cDNA 初级文库，同步用 testRNA 做对照实验。

cDNA 文库的质量分析参照 Stratagene 公司的 cDNA Synthesis Kit 提供的方法，对初级文库和扩增文库的滴度及重组率进行测定。设计一对引物：T7（5′-GTA-ATACGACTCACTATAGG-3′）和 SK（5′-AATTAACCCTCACTAAAG-3′）对 cDNA 克隆进行 PCR 扩增，检测插入片段大小，挑取单个噬菌斑环化后提取质粒 DNA，EcoR I 和 Xho I 双酶切，用 1% 琼脂糖凝胶电泳检测 PCR 结果；随机挑选阳性克隆进行测序。

对所得序列进行生物信息学分析，将得到的基因序列在 NCBI 上进行 BLAST；用 GenBank 等数据库中的在线软件对一些重要功能基因的蛋白质结构进行预测和分析。

（2）总 RNA 的提取及 mRNA 的纯化

经过对不同时期的油桐种仁脂肪酸含量的测定，选定油桐脂肪酸转变关键时期（8 月下旬）的油桐种仁提取总 RNA。按常规方法提取的总 RNA 得率较低、质量较差，故在用 Trizol 提取时增加了氯仿抽提次数，得到的总 RNA 利用 1% 琼脂糖凝胶电泳可检测到 28S RNA、18S RNA 和 5S RNA 三条带，且 28S RNA 与 18S RNA 的亮度比例约为 2:1，5S RNA 条带较弱（图 2-14），说明总 RNA 没有降解，较完整，完全符合构建高质量 cDNA 文库的要求。用分光光度计检测 OD260/280 比值在 1.9～2.0 之间。在用磁珠法分离纯化 mRNA 时，将总 RNA 浓缩后再过磁珠得到的 mRNA 质量较好。

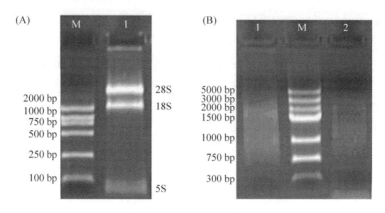

**图 2-14　油桐种仁总 RNA 及单链、双链 cDNA 的大小范围**

（A）油桐种仁总 RNA；M. DNA marker；

（B）1. 单链 cDNA；2. 双链 cDNA；M. DNA marker。

（3）ds cDNA 合成及分级分离

mRNA 反转录合成的双链 cDNA 在凝胶电泳上检测，得知其分子大小范围在 0.3～4.0 kb 之间，基因丰度满足试验研究需要；为确定 cDNA 的大小，将分级分离后的 cDNA 片段通过琼脂糖凝胶电泳，收集片段长度在 500 bp 以上的过柱液并混合到同一管中。

由于按照 Stratagene 公司的 ZAP-cDNA Gigapack III Gold Cloning Kit 使用说明，在分级分离时，需要进行装柱，时间比较长，且容易产生气泡，故改选用 Clontech 公司的 Creator™ SMART™ cDNA Library Construction Kit 中分级分离部分的 CHROMA SPIN-400 Column，操作简单且时间短，且能得到较好的分级分离效果。

（4）文库质量的检测

一个文库构建的成功与否主要体现在两个方面。第一个是文库的代表性。cDNA 文库的代表性是指文库中包含的重组 cDNA 分子反映来源细胞中表达信息（即 mRNA 种类）的完整性，它是体现文库质量的最重要指标。文库代表性好坏可以用文库的滴度来衡量，它是指构建的原始 cDNA 文库中包含的独立的重组子克隆数，重组率是指重组子中含有插入片段的载体与空载体的比率。第二是重组 cDNA 片段序列的完整性。从文库中分离获得的目的基因完整的序列和功能信息，要求文库中的重组 cDNA 片段足够长以便尽可能地反映出天然基因的结构。对于真核生物，具体标准是：初级文库的滴度为 $1 \times 10^6$ Pfu/mL，扩增后文库的滴度

为 $1.0 \times 10^9 \sim 1.0 \times 10^{11}$ Pfu/mL 之间，或者更高，重组率在 90% ~99.9% 之间。插入片段因实验的需要控制在 0.3~5.0 kb 之间，这样就能满足大部分基因 cDNA 全长的克隆要求。

按照 Stratagene 公司的 ZAP-cDNA Gigapack III Gold Cloning Kit 检测，油桐种仁 cDNA 初级文库的滴度为 $1 \times 10^6$ Pfu/mL，重组率为 99.7%，扩增后文库的滴度为 $1.2 \times 10^9$ Pfu/mL，随机挑选 20 个阳性克隆进行 PCR 检测，琼脂糖凝胶电泳检测结果表明插入片段大小在 0.5~2.5 kb 之间，平均约 1 kb(图 2-15)，对环化后质粒 DNA 进行 EcoR I 和 Xho I 双酶切，检测结果与 PCR 一致。文库的滴度、重组率及完整性均符合构建高质量文库标准。

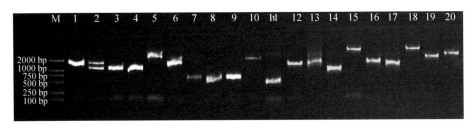

**图 2-15　PCR 随机检测油桐种仁 cDNA 文库插入片段**

1~20. cDNA 文库随机插入片段 PCR products of inserted fragments；M. DNA marker。

(5)油桐种仁 cDNA 文库构建注意事项

通过 cDNA 文库筛选获得具有重要功能的目的基因，以此对基因的结构、功能及表达进行研究，cDNA 文库代表 mRNA 的反转录复本，mRNA 代表一定时期的在表达的 15% 左右的基因，其质量高低是 cDNA 文库构建成功与否的关键，由于油桐种子含大量的多糖、多酚及一些成分复杂的次生代谢物质，按常规方法提取质量较好的 RNA 较困难，在本实验中进行了积极改进，将氯仿抽提次数增加至 2~3 次，得到的总 RNA 较完整，未降解。用磁珠法纯化分离的 mRNA 较完整、均一，适于合成 cDNA 第一链。

插入片段的大小也是评价文库质量的重要标准，要求插入片段的平均长度不小于 1kb。本实验通过随机挑选 20 个阳性克隆进行 PCR 扩增，凝胶电泳分析得到插入片段大小在 0.5~2.5 kb 之间，平均约为 1 kb。文库的滴度、重组率也是鉴定文库质量的重要标准。油桐种仁 cDNA 文库的滴度为 $1 \times 10^6$ Pfu / mL，重组率为 99.7%，扩增后的文库滴度为 $1.2 \times 10^9$ Pfu / mL。从对文库的质量分析上可以看出，实验所构建的油桐种仁 cDNA 文库的滴度、重组率及完整性都达到了研究的要求，证明了文库的构建是成功的。油桐种仁 cDNA 文库的成功构建，为以后芯片制作等打下了基础，是进一步研究油桐油脂合成、脂肪酸合成等功能基因克隆及鉴定的重要平台。

mRNA 反转录合成的双链 cDNA 在凝胶电泳上检测，得知其分子大小范围在 0.3～4.0 kb 之间，基因丰度满足试验研究需要；为确定 cDNA 的大小，将分级分离后的 cDNA 片段通过琼脂糖凝胶电泳，收集片段长度在 500 bp 以上的过柱液并混合到同一管中。

由于按照 Stratagene 公司的 ZAP-cDNA Gigapack III Gold Cloning Kit 使用说明，在分级分离时，需要进行装柱，时间比较长，且容易产生气泡，故改选用 Clontech 公司的 Creator™ SMART™ cDNA Library Construction Kit 中分级分离部分的 CHROMA SPIN-400 Column，操作简单且时间短，且能得到较好的分级分离效果。

3. 油桐 EST 文库测序分析

以油桐种仁 cDNA 初始文库作为测序的模板，送至上海生物芯片公司进行测序。

(1)EST 数据库的基本信息

如果用于构建 cDNA 文库的组织中某种产物的含量丰富，则与合成此产物的有关酶的含量也会相对丰富，相应的 mRNA 所反转录合成的 cDNA 也较多。如果某种酶占总蛋白量的 0.1%，并且它的 mRNA 量也在相应水平，那么理论上测 3000 个克隆就有 95% 的几率发现这种酶。原始序列去除 5′端载体序列、文库接头序列和 poly(A)序列。

(2)一致序列的获得

测得的原始序列进行如下处理：利用 Crossmatch 软件去除 5′端载体序列、文库接头序列和 poly(A)序列；序列进行去载体后，用 phrap 进行拼接得到了 contigs 和 singlets。以获得的 2364 条核酸序列建立核酸数据库，将有较长同源区域的序列集合为一类，对每个序列集做多重序列分析比对，获得片段重叠群(contig)。

共测序 2846 条序列，去除 5′端载体序列、文库接头序列和 poly(A)序列，共获得 2752 条序列，归并为 743 个基因(包括 228 个 contigs 和 515 个 singlets)。

(3)同源序列的网上比对及 EST 序列同源性分析

对文库测序分析显示，与拟南芥、杨树、麻疯树、蓖麻等一些物种的同源性较高。

由于同源木本油料树种基因组信息的缺乏，故按照基因功能分类中未知功能基因(922，33.5%)和无显著性同源基因(140，5.09%)占了约 38.6%。其他功能基因类型主要包括：种子贮藏蛋白(607，22.1%)，蛋白酶等(225，8.18%)，脂代谢相关基因(148，5.38%)，碳代谢(80，2.90%)，信号转导(激酶、钙调素等)(71，2.58%)，核糖体、蛋白翻译(66，2.40%)，膜、转运体、受体(61，

2.21%），转录因子（58，2.11%），硫代谢（54，1.99%），光合作用（51，1.85%），DNA 修饰酶（48，1.74%）等等，详细结果如图 2-16 所示。

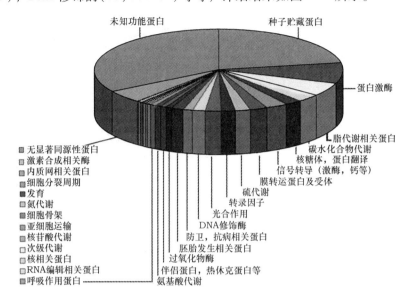

**图 2-16　油桐种仁文库测序获得的序列按照基因功能分类**

（4）高丰度表达的基因

EST 不仅是发现基因的一个有效方法，它还可以为基因表达提供信息，一般用某基因丰富表达时的组织构建 cDNA 文库中与这个基因的 mRNA 对应的 cDNA 也会相对丰富。当随机测得大量 EST 后，从 EST 上就能够粗略地反映出该基因的相对表达水平，用此数值除以总值就可以反映它的绝对水平。

油桐种仁 cDNA 文库中高丰度表达的基因见表 2-4。表达丰度最高的基因类型（除未知功能基因）是编码种子贮藏蛋白的基因，包括 oleosin、legumin、major storage protein、globulin and seed storage/lipid transfer protein（LTP）。LTPs 是脂结合蛋白，已报道参与贮藏油脂代谢、胁迫响应等等，但其确切功能有待于进一步研究。

（5）文库测序油脂合成调控相关基因提交 GenBank 信息

文库测序获得的部分酶基因提交 GenBank 信息：长链脂酰辅酶 A 合成酶 LACS7（long-chain acyl-CoA synthesis 7）（GR220218），脂肪酸脱氢酶 2fatty acid desaturase 2（GR220487），PDH（pyruvate dehydrogenase）（GR217820），acyl-CoA dehydrogenase-related protein（GR218200），丙酮酸脱氢酶 PDK（pyruvate dehydro-genase kinase）（GR218096），酰基载体蛋白-S-丙二酰转移酶 acyl-carrier-protein s-malonyltransferase（GR218134），磷脂酶 phospholipase D（GR218016），脱氢酶家族

蛋白 dehydrogenase family protein（GR218288 and GR218289），磷酸甲羟戊酸激酶 phosphomevalonate kinase（GR217861）。

根据表 2-4 发现，调控油脂积累的蛋白编码基因包括：protease inhibitor/seed storage/lipid transfer protein（LTP）family protein（192 ESTs），OLEOSIN（118 ESTs），2S albumin storage protein（95 ESTs），legumin-like protein（133 ESTs），dehydrin family protein（17 ESTs）等。

表 2-4　油桐种仁 cDNA 文库中高丰度表达的基因

| 序列名称 | EST 号 | 长度（bp） | 基因功能描述 |
|---|---|---|---|
| Vf228 | 208 | 1216 | F-box domain-containing protein |
| Vf227 | 115 | 1151 | Defective chloroplasts and leaves（DCL）protein |
| Vf226 | 107 | 1761 | ES2 protein |
| Vf225 | 78 | 1471 | QM-like protein |
| Vf224 | 64 | 1247 | 2s albumin precursor |
| Vf223 | 41 | 1788 | Major storage protein |
| Vf222 | 36 | 1162 | Legumin-like protein |
| Vf221 | 36 | 2008 | 11s legumin protein |
| Vf220 | 35 | 1256 | Hypothetical protein |
| Vf219 | 34 | 1126 | Major allergen Mal d |
| Vf218 | 30 | 631 | Type 2 metallothionein |
| Vf217 | 30 | 1008 | Thioredoxin-like 5 |
| Vf216 | 28 | 1955 | 11s legumin protein |
| Vf215 | 28 | 1408 | 7S globulin |
| Vf214 | 27 | 902 | Oleosin |
| Vf213 | 25 | 1018 | ADP-ribosylation factor |
| Vf212 | 24 | 1362 | Legumin-like protein |
| Vf211 | 20 | 987 | Ribosomal protein |
| Vf210 | 19 | 617 | Conserved hypothetical protein |
| Vf209 | 17 | 1443 | Casein kinase II |
| Vf208 | 17 | 1135 | Glutathione peroxidase |
| Vf207 | 16 | 1019 | Translationally controlled tumor protein |
| Vf206 | 16 | 766 | Oleosin |
| Vf205 | 16 | 1179 | Tonoplast intrinsic protein |
| Vf204 | 15 | 1134 | Dof zinc finger protein |
| Vf203 | 14 | 1039 | GTP-binding protein ARA3 |
| Vf202 | 14 | 888 | Oleosin high molecular weight isoform |
| Vf201 | 13 | 843 | Late embryogenesis-abundant protein |
| Vf200 | 13 | 745 | Pi starvation-induced protein |

（续）

| 序列名称 | EST 号 | 长度（bp） | 基因功能描述 |
|---|---|---|---|
| Vf199 | 12 | 649 | Auxin-repressed protein-like protein ARP1 |
| Vf198 | 12 | 1101 | RNA recognition motif family expressed |
| Vf197 | 12 | 658 | Protein disulfide-isomerase |
| Vf196 | 12 | 777 | Cytosolic class I small heat-shock protein |
| Vf195 | 11 | 1081 | polygalacturonase family protein |
| Vf194 | 11 | 1074 | hypothetical protein |
| Vf193 | 11 | 948 | conserved hypothetical protein |
| Vf192 | 11 | 624 | predicted protein |
| Vf191 | 10 | 1297 | Vegetative storage protein |
| Vf190 | 9 | 1628 | 11s globulin precusor |
| Vf189 | 9 | 907 | dehydrin |
| Vf188 | 8 | 970 | Late embryogenesis abundant protein |
| Vf187 | 8 | 493 | hypothetical protein |
| Vf186 | 8 | 581 | Unknown protein |
| Vf185 | 8 | 971 | Fhy1（far-red elongated hypocotyl 1） |
| Vf184 | 8 | 1062 | seed storage/lipid transfer protein（LTP） |
| Vf183 | 8 | 640 | oleosin |
| Vf182 | 8 | 811 | RCC1 and BTB domain-containing protein |
| Vf181 | 8 | 1084 | Vesicle-associated membrane protein |

4. 油桐油体的提取方法

（1）油桐油体提取方法

参考浮式离心法（van Rooijen and Moloney, 1995）略作修改，实验步骤如下。

试剂配制：

| | | |
|---|---|---|
| GM I | 1 mM | EDTA |
| | 10 mM | KCL |
| | 1 mM | $MgCL_2$ |
| | 2 mM | DTT |
| | 0.6 mM | Sucrose |
| | 0.15 mM | Tricine-KOH, pH 7.5 |
| GM II | GM I , 2 M NaCL | |
| FM I | GM I , 0.4 mM Sucrose | |
| FM II | FM I , 2 M NaCL | |

取 5 克种仁，在 15 mL 预冷的匀浆液 GM I 中研磨成匀浆；

加入 15 mL FM I 混匀；

10000g，30 min，取上层油层；

将油层重悬于 15 mL GM II，加入 15 mL FM II 混匀；

10000g，30 min，取上层油层；

将油层再重悬于 15 mL GM I，加入 15 mL FM I；

10000g，30 min，取上层油层；

取上层油层，室温重悬于 15 mL GM II，震荡 30 min；

10000g，30 min，取上层油层；

将油层悬浮于 15 mL GM I（4℃预冷），加 15 mL FM I（4℃预冷）；

10000g，30 min，取上层油层；

最终油层悬浮于 3 mL GM I，4℃保存备用。

（2）油体蛋白提取方法

取 0.5mL 油体，加入 0.75mL 氯仿/甲醇(2:1，v/v)，振荡；

13000g，5min；富含蛋白的中间相重悬于 0.25mL 水，加入氯仿/甲醇(2:1，v/v)，振荡；13000g，5min；

重复加入氯仿/甲醇(2:1，v/v)，振荡洗涤两次以上；

最后中间层重悬于 0.5mL 水，超声波处理 5min；

加入 4 倍体积的预冷丙酮，于 −20℃ 沉淀 16h 以上；

15000g，20 min；

蛋白备用，保存。

（3）油桐油体蛋白 SDS-PAGE 电泳

将提取的油体蛋白进行 SDS-PAGE(5% 成层胶和 12% 的分离胶)，用考马斯亮蓝进行染色，冰乙酸溶液脱色，结果如图 2-17 所示 。实验步骤如下。

①试剂配制。

**储存液**

A：2M　　　Tris-HCL( pH = 8.8 )　　　100mL

　　　　　　24.2g　　　　　　　　　　Tris 碱

　　　　　　50mL　　　　　　　　　　ddH$_2$O

用浓盐酸调 pH 值至 8.8，等溶液冷却至室温后，加双蒸水定容至 100mL

B：1M　　　Tris-HCL( pH = 6.8 )　　　100mL

　　　　　　12.1g　　　　　　　　　　Tris 碱

　　　　　　50mL　　　　　　　　　　ddH$_2$O

用浓盐酸调 pH 值至 6.8，等溶液冷却至室温后，加双蒸水定容至 100mL

C：10%（w/v）SDS 100mL

10g SDS

100mL ddH$_2$O

**工作液**

A：A 液　丙烯酰胺储存液　　100mL　　有毒，购买

B：B 液　4×分离胶缓冲液　　100mL　　4℃保存

| | Final concentration | Amount |
|---|---|---|
| 2M Tris-HCL pH8.8 | 1.5M | 75mL |
| 10% SDS | 0.4% | 4mL |
| ddH$_2$O | | 21mL |

C：C 液　4×浓缩胶缓冲液　　100mL　　4℃保存

| 1M Tris-HCL pH6.8 | 0.5M | 50mL |
|---|---|---|
| 10% SDS | 0.4% | 4mL |
| ddH$_2$O | | 46mL |

D：10%（w/v）过硫酸铵（APs）　5mL　　4℃密封保存

0.5g APs + 5mL ddH$_2$O

E：1×电泳缓冲液 1000mL

| | 质量 | 终浓度 |
|---|---|---|
| Tris 碱 | 3g | 25mM |
| 甘氨酸 | 14.4g | 192mM |
| SDS | 1g | 0.1%（w/v） |
| ddH$_2$O | 1000mL | |

pH 应在 8.3 左右，也可制成 10×储存液，在室温下长期保存

12.5%分离胶配方　2 块 6cm×8cm×0.75mm

　　A 液 4mL，B 液 2.5mL，ddH$_2$O 3.5mL，10% APs 50μL，
　　TEMED 5μL

5%浓缩胶配方　2 块 6cm×8cm×0.75mm

　　A 液 0.67mL，C 液 1.0mL，ddH$_2$O 2.3mL，10% APs
　　30ul，TEMED 5μL

考马斯亮蓝 R-250 染色液 1000mL

　　R-250 1g

| | | | |
|---|---|---|---|
| 脱色液 | 甲醇 | 450mL | 100mL |
| | ddH$_2$O | 450mL | 800mL |
| | 冰醋酸 | 100mL | 100mL |

②操作步骤。

A. 洗板：用洗洁精或者洗衣粉将 SDS-PAGE 电泳所用的长短玻璃板清洗干净（一般洗 3 遍），最后用酒精在通风橱下擦干，备用。

B. 固定：将长短玻璃板在制胶器上固定好，保持良好的密封性，防止灌胶时漏胶。

C. 配胶：按照一定的顺序在三角瓶中加入各组分，在加入 APs 和 TEMED 后迅速混匀几秒钟。

D. 灌胶：用 200μL 的枪沿着隔板缓慢灌胶，防止气泡产生。在分离胶灌好之后用饱和正丁醇或者酒精封胶，保持界面平整，分离胶边缘距离梳子齿 1cm 处为好。再灌制浓缩胶。插梳子时要注意保持点样孔的完整和避免产生气泡。

③电泳。

以稳流为主进行蛋白分离，在浓缩蛋白时 $I_1 = 8mA$，$T = 45min$，分离时 $I_2 = 16mA$，$T = 150min$（一块胶）；两块胶时电流增倍，时间不变。

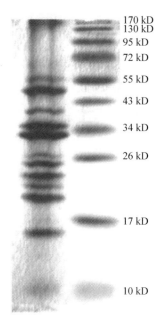

图 2-17　油桐种仁油脂贮藏蛋白 SDS-PAGE

④染色和脱色。

用考马斯亮蓝 R-250 在摇床上染色过夜之后，以双蒸水冲洗 3 遍后再放入脱色液中进行脱色。脱色之后在扫描仪上拍照保存。

如图 2-17 为油桐种仁油脂贮藏蛋白 SDS-PAGE 考马斯亮蓝染色结果。

### （二）油桐二酰基甘油酰基转移酶基因 DGAT 与去饱和酶 FAD2 的协同作用

在植物体内脂肪酸的合成过程中，$\Delta^{12}$ 脂肪酸去饱和酶（$\Delta^{12}$ fatty acid desaturase，FAD2）控制着油酸向亚油酸的转变，是植物产生多聚不饱和脂肪酸的关键酶。近年来，对油料作物和模式作物中 FAD2 的功能研究已取得很大进展。二酰基甘油酰基转移酶（diacylgycerol acyltransferase，DGAT）是一种完整的内质网细胞微粒体酶，在三酰甘油（triacylgycerol，TAG）生物合成反应中起关键性催化反应，也是甘油三酯合成过程中重要的关键酶和限速酶。

植物某个性状的表达往往受多个基因的协同调控。针对单个基因的表达分析研究报告很多，技术也已成熟。近些年来，针对两个甚至两个以上基因协同表达的研究逐渐增多，并逐渐成为研究基因功能的重要手段。为了研究分析油桐中桐酸合成过程中 FAD2 和 DGAT2 两个基因的协同效应，以口蹄疫病毒（foot and mouth disease virus，FMDV）2A 序列作为连接子，构建了 FAD2-FMDV2A-DGAT2

的共表达载体，同时还分别构建了 *FAD2*、*DGAT2* 的单基因表达载体作为对照，为进一步研究 *FAD2* 和 *DGAT2* 的功能以及对木本油料植物的脂肪酸改良工程提供基础。

以下介绍 pCAMBIA1301-*FAD2*-2A-*DGAT2* 的构建及转化烟草。

1. FMDV 的 2A 序列介绍

口蹄疫病毒(foot and mouth disease virus，FMDV)属小核糖核酸病毒，是一种正链 RNA 病毒，其基因组内含有一个长的开放读码框，编码一个 225 kD 的多聚蛋白前体(Carrillo et al.，2005；Saiz et al.，1994)(图 2-18)。这个多聚蛋白前体在翻译时即由 2A 在其 C 端进行"原初剪切"，得到外壳蛋白前体(PI-2A)和 2BC/P3。

```
                      |<            FMDV 2A                  >|
    Q  L  L  N  F  D  L  L  R  L  A  G  D  V  E  S  N  P  G  P
    AGGTGTTGAATTTTGACCTTCTTAAGCTTGCGGGAGACGTCGAGTCCAACCCTGGGCCCA
```

**图 2-18　FMDV 2A 的核苷酸和氨基酸序列**

研究表明 2A 和 2B 总是在 Gly 和 Pro 之间"切开"。动力学和结构模型分析表明，Gly 和 Pro 之间的肽键实际上并未形成(Ryan et al.，1999)。在翻译过程中，2A 的高级结构对核糖体肽基转移酶中心造成空间排阻，使肽基(2A)-tRNA 酯键无法形成。由于空间排阻使 Pro-tRNA 氨基氮亲核进攻无法完成，代之则是肽基 (2A)-tRNA 酯键的水解作用，形成与 2A 的融合蛋白，同时核糖体能继续翻译下游蛋白 2B，整个过程不需要任何蛋白酶参与(Zoll et al.，1998)。由于 FMDV-2A 具有剪切效率高，上下游基因表达平衡性好，以及结构短小的优点，使其成为构建多顺反子载体的理想工具之一。

根据 FMDV-2A 的核苷酸序列(图 2-18)，设计引物 2A-F/2A-R(下划线处为酶切位点)，其中 2A-R 是 2A-F 的反向互补序列，并且含酶切位点 *BamH* I /*Xba* I：

2A-F：5′ <u>GATCC</u>CAGCTGTTGAATTTTGACCTTCTTAAGCTTG
　　　　CGGGAGACGTCGAGTCCAACCCCGGG<u>T</u> 3′

2A-R：5′<u>GCCCGGGG</u>TTGGACTCGACGTCTCCCGCAAGCTT
　　　　AAGAAGGTCAAAATTCAACAGCTG<u>AGATC</u> 3′

PCR 扩增：反应体系为

| | |
|---|---|
| 10 × PCR buffer | 2.5 μL |
| 2A-F(25 μmol/L) | 10 μL |
| 2A-R(25 μmol/L) | 10 μL |

| | |
|---|---|
| ddH$_2$O | 2.5 μL |
| Total | 25 μL |

PCR 条件：94℃开始，每15 s降低1℃，直至降低为20℃。

2. 植物共表达载体 pCAMBIA1301-FAD2-2A-DGAT2 的构建

体外构建 FMDV-2A 多顺反子的特点是：基因之间以 2A 序列连接，同时去除上游基因的终止密码子以形成一个长的开放读码框。因此，设计引物时，在引入酶切位点的同时，还应去除 FAD2 基因的终止密码子序列（表2-5）。

表2-5　引物序列

| 引物名称 | 序列 | 备注 |
|---|---|---|
| 1-F | 5′GGG<u>GTACC</u>ATGGGTGCTGGTGGC 3′ | FAD2 正向引物，Kpn I |
| 1-R | 5′CG<u>GGATCC</u>AAACTTCTTGTTATACC 3′ | FAD2 反向引物，BamH I，无终止子 |
| 3-F | 5′GCT<u>CTAGA</u>ATGGGGATGGTGGAAGTTAAG 3′ | DGAT2 正向引物，Xba I |
| 3-R | 5′AACT<u>GCAG</u>TCAAAAAATTTCAAGTTTAAGG 3′ | DGAT2 反向引物，Pst I，有终止子 |

注：下划线为酶切位点，黑体为启动子和终止子序列。

（1）载体 pCAMBIA1301-2A 的构建

载体质粒 pCAMBIA1301 经 BamH I / Xba I 双酶切后，与带有同样酶切位点的 2A 序列16℃连接，连接产物 5 μL 转化大肠杆菌 DH5α 感受态细胞，通过测序验证阳性克隆。

（2）载体 pCAMBIA1301-2A-DGAT2 的构建

以 pMD18-DGAT2 为模板，3-F/3-R 为引物，PCR 扩增目的基因 DGAT2。反应体系 25 μL，反应条件为：94℃预变性 5 min，94℃变性 30 s，68℃退火 40 s，72℃延伸 1 min，共 35 个循环，最后 72℃延伸 7 min。DGAT2 PCR 回收产物和 pCAMBIA1301-2A 通过 Xba I / Pst I 双酶切后连接转化，得到 pCAMBIA1301-2A-DGAT2 重组载体。

（3）载体 pCAMBIA1301-FAD2-2A-DGAT2 的构建

以 pMD18-FAD2 为模板，引物 1-F/1-R 扩增目的基因 FAD2。反应体系 25μL，反应条件为：94℃预变性 5 min，94℃变性 45 s，66℃退火 45 s，72℃延伸 1min，共 35 个循环，最后 72℃延伸 7min。对 FAD2 基因的 PCR 回收产物和载体 pCAMBIA1301-2A-DGAT2 进行 Kpn I / BamH I 酶切，然后连接，转化大肠杆菌 DH5α 感受态细胞，验证阳性克隆。

FDMV 的 2A 序列通过引物 2A-F/2A-R 扩增与载体 pCAMBIA1301 连接，测序结果验证重组载体 pCAMBIA1301-2A 的正确性。对此重组载体和 DGAT2 基因的 PCR 扩增纯化产物，进行 *Xba* Ⅰ/*Pst* Ⅰ 双酶切连接，得到 pCAMBIA1301-2A-*DGAT2* 重组载体(图 2-19)。

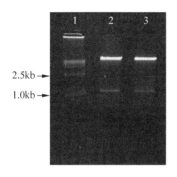

**图 2-19　重组质粒 pCAMBIA1301-**
**    *DGAT2* 的酶切验证**

1. DNA Marker；2、3. pCAMBIA1301-*DGAT2*

重组载体 *Xba* Ⅰ/*Pst* Ⅰ 双酶切。

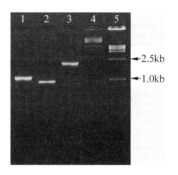

**图 2-20　重组质粒 pCAMBIA1301-**
**    *FAD2*-2A-*DGAT2* 的 PCR 验证**

1. *FAD2*；2. *DGAT2*；3. *FAD2* + 2A + *DGAT2*；

4. 空载对照；5. DNA Marker。

*Kpn* Ⅰ/*BamH* Ⅰ 对 *FAD2* 扩增纯化产物和 pCAMBIA1301-2A-*DGAT2* 重组载体进行双酶切，连接转化后，得到共表达重组载体 pCAMBIA1301-*FAD2*-2A-*DGAT2*(图 2-21)。对阳性克隆进行 PCR 验证，1-F/1-R 引物和 3-F/3-R 引物分别扩增得到 1152 bp 和 968 bp 大小的条带；1-F/3-R 引物扩增得到 2177 bp 大小的条带(图 2-20)。说明此植物共表达载体构建正确。

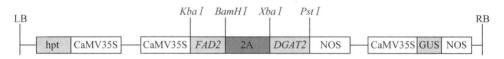

**图 2-21　共表达载体 pCAMBIA1301-*FAD2*-2A-*DGAT2* 的 T-DNA 区线性图谱**

LB：T-DNA 左边界；hpt：潮霉素磷酸转移酶基因；CaMV 35S：花椰菜花叶病毒 35S 启动子；*FAD2*：
油酸去饱和酶基因；2A：口蹄疫病毒 FMDV 的 2A 序列；*DGAT2*：二酰甘油酰基转移酶 2 基因；NOS：
NOS 终止子；GUS：β-葡萄醛酸酶基因；RB：T-DNA 右边界。

### 3. pCAMBIA1301-*FAD2*-2A-*DGAT2* 的构建及转化烟草

筛选培养基选择压力的确定：将未转化的烟草无菌苗叶片转入含潮霉素(Hygromycin, Hyg)为 0、5、10、15、20 和 25 mg/L 的共培养基上培养，温度为 25 ± 2℃，光照强度为 1500 ~ 2000 lx，每天光照 16h。烟草的遗传转化采用冻融法将重组质粒 pCAMBIA1301-*FAD2*-2A-*DGAT2* 转化农杆菌感受态 EHA105。叶盘法转化烟草。

未转化的烟草外植体在 5 ~ 25 mg/L Hyg 的选择培养基条件下，分化受到不同程度的抑制，当 Hyg 浓度达 20 mg/L 时，叶片边缘褐化，几乎无分化发生。因此本实验以 20mg/L 的 Hyg 作为外植体的起始选择压力（图 2-22）。

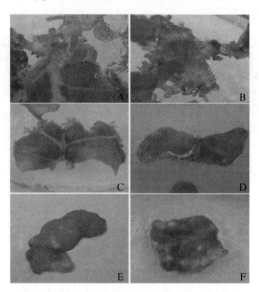

**图 2-22　烟草未转化外植体的选择压力筛选**

A. 0 mg/L Hyg；B. 5 mg/L Hyg；C. 10 mg/L Hyg；

D. 15 mg/L Hyg；E. 20 mg/L Hyg；F. 25 mg/L Hyg。

采用 CTAB 微量法提取烟草基因组 DNA，以此 DNA 为模板，用引物 1-F/1-R 和 3-F/3-R 分别进行 PCR 扩增，并以质粒 pCAMBIA1301-*FAD2*-2A-*DGAT2* 为阳性对照，非转基因烟草为阴性对照，ddH$_2$O 为空白对照。在抗性植株 PCR 检测中，出现 4 种情况：一是检测 *FAD2* 和 *DGAT2* 均呈阳性；二是检测 *FAD2* 和 *DGAT2* 均呈阴性；三是同一植株的基因组 DNA 检测 *FAD2* 呈阳性，而检测 *DGAT2* 呈阴性；

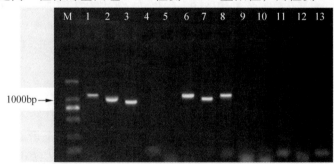

**图 2-23　部分转基因烟草的 Hyg 抗性植株的 PCR 检测**

M. DNA Marker；1，2. 阳性对照；3～10. 转基因烟草（待检测植株 1~4 号）；

11，12. 阴性对照；13. 超纯水作模板。

（注：奇数为引物 3-F/3-R 扩增产物；偶数为引物 1-F/1-R 扩增产物。）

四是检测 *DGAT2* 呈阳性，而检测 *FAD2* 呈阴性，部分结果如图 2-23 所示。第一种
情况说明双基因已转入烟草中；第二种情况说明双基因没有转入烟草中；后两种可
能是由于 LB 与 RB 之间的片段过大，在转化的过程中，出现片段断裂或其他原因
而导致部分基因片段未能整合到植物基因组中，其原因并不十分明确，仍需进一步
研究其产生机理。PCR 共检测了 Hyg 抗性植株 30 株，得到双阳性植株 6 株。

**参考文献**

陈锦清，郎春秀，胡张华，等. 反义 PEP 基因调控油菜籽粒蛋白质/油脂含量比率的研究. 农
　　业生物技术学报，1999，7，316－320.

官春云. 油菜转基因育种研究进展[J]. 中国工程科学，2002，4：34－39.

黄坤. 桐油基聚酰胺衍生物的合成、性能和固化反应动力学研究[D]. 中国林业科学研究院博
　　士学位论文. 2008，35－48.

李志能，黄文俊，张佳琪，等. 异硫氰酸胍法快速提取二球悬铃木组织总 RNA 的研究[J].
　　武汉植物研究，2007，25(3)：266－269.

林元震. 甜杨葡萄糖-6-磷酸脱氢酶的基因克隆及结构分析与功能鉴定[D]. 北京林业大学博士
　　学位论文，2006，44－57，125.

卢善发. 植物脂肪酸的生物合成与基因工程[J]. 植物学通报，2000，17(6)：481－491.

罗明，周建平，肖月华，等. 棉花油菜素类固醇合成酶基因 *GhDWF1* 的克隆和表达分析[J]. 中
　　国农业科学，2007，40(7)：1337－1344.

眭顺照，祝钦泷，李名扬，等. 植物蛋白 Oleosin 及其在植物基因工程中的应用[J]. 中国生物
　　工程杂志，2003，23 (6)：17－20.

谭晓风，胡芳名，谢禄山，等. 油茶种子 EST 文库构建及主要表达基因的分析[J]. 林业科学，
　　2006，1：43－48.

汪阳东，李元，李鹏. 油桐桐酸合成酶基因克隆和植物表达载体构建[J]. 浙江林业科技，
　　2007，27(2)：1－5.

夏建陵，黄坤，聂小安，等. 桐油制备 C2 二元酸聚酰胺固化剂合并生物柴油[J]. 热固性树
　　脂，2009，24(1)：20－23.

张羽航，鲍时翔，郑学勤. 脂肪酸脱饱和酶的研究进展[J]. 生物技术通报，1998，4：1－9.

周冠，汪阳东，陈益存，等. 油桐种仁 cDNA 文库的构建及其油体蛋白 Oleosin 基因的生物信息
　　学分析[J]. 林业科学研究，2009，22(2)：177－181.

周亦华，陈正华. 植物种子中脂肪酸代谢途径的遗传调控与基因工程[J]. 植物学通报，1998，
　　15(5)：16－23.

朱敏，余龙江. 脂酰去饱和酶[J]. 生命的化学，2001，21(6)：478－480.

Abbadi A, Domergue F, Bauer J, et al. Biosynthesis of very-long-chain polyunsaturated fatty acids in
　　transgenic oilseeds: constraints on their accumulation [ J ]. *The Plant Cell*, 2004, 16:
　　2734－2748.

Alban C, Jullien J, Job D, Douce R. Isolation and characterization of biotin carboxylase from pea chloroplasts[J]. *Plant Physiol*, 1995, 109: 927 – 935.

Anderson J V, Lutz S M, Gengenbach BG, et al. Genomic sequence for a nuclear gene encoding acetyl-coenzyme A carboxylase ( accession no. L42814) in soybean ( PGR95-055 )[J]. *Plant Physiol*, 1995, 109: 338.

Appleqvist, Ohlson R, 1972, 101 – 122. *Amsterdam: Elsevier.* Van der Loo FJ, For BG and Somerville C( 1993 ). Unusual fatty acids. In lipid Metabolism in Plants[J], 91 – 126. *Boca Raton: CRC Press .*

Banilas G, Moressis A, Nikoloudakis N, et al. Spatial and temporal expressions of two distinct oleate desaturases from olive( *Oea europaea* L. )[J]. *Plant Sci*, 2005, 168, 547 – 555.

Barret P B, Harwood J L. Characterization of fatty acid elongase enzymes from germinating pea seeds [J]. *Phytochemistry*, 1998, 48: 1295 – 1304.

Barret P, Delourme R, Renard M. A rape seed *FAE1* gene is linked to the E1 locus associated with variation in the content of erucic acid[J]. *Theor Appl Genet*, 1998, 96: 177 – 186.

Bleibaum J L, Gene A, Fayet-Faber J, et al. in Abstracts of the National Plant Lipid Symposium[J]. *Minneapolis*, MN. 1993.

Booyens J, ven der Merwe C F. Margaines and coronary artery disease[J]. *Med. Hypo*, 1992, 37: 241 – 244.

Boss P K, Davies C, Rohinson S P. Analysis of the expression of anthocyanin pathway genes in developing Vitis vinifera L. cvShiraz grape berries and the implications for pathway regulation [J]. *Plant Physiology*, 1996, 111(4): 1059 – 1066.

Broadwater J A, Ai J, Loehr T M, et al. Peroxodiferric intermediate of stearoyl-acyl carrier protein $\triangle^9$-desaturase: oxidase reactivity during single turnover and implications for the mechanism of desaturation[J]. *Biochemistry*, 1998, 37: 12664 – 14671.

Broun P, Somerville C. Accumulation of ricinoleic, Lesquerolic and densipolic acids in seeds of transgenic Arabidopsis plants that express a fatty acyl hydroxylase cDNA from castor bean[J]. *Plant Physiol*, 1997, 113: 933 – 942.

Browse J, Somerville C. Glycerolipid synthesis: biochemistry and regulation[J]. *Annu Rev Plant Physiol Plant Mol Biol*, 1991, 42: 467 – 506.

Bufkin B G, Thames S F, Jen S J, et al. Derivatives of eleostearic acid[J]. *Oil Chemists Society*, 1976, 53( 11 ): 677 – 679.

Cahoon E B, Becker C K, Shanklin J, et al. cDNs for isoforms of the $\Delta^9$-stearoyl-acyl carrier protein desaturase from Thungergia alata endosperm[J]. *Plant Physiol*, 1994a, 106: 807 – 808.

Cahoon E B, Carlson T J, Ripp K G, et al. Biosynthetic origin of conjugated double bonds: Production of fatty acid components of high-value drying oils in transgenic soybean embryos[J]. *PNAS*, 1999, 96: 12935 – 12940.

Cahoon E B, Cranmer A M, Shanklin J, et al.. Hexadecenoic acid is synthesized by the activity of a soluble $\triangle^6$ palmitoyl-acyl carrier protein desaturase in Thunbergia alata endosperm[J]. *J Biol Chem*, 1994b, 269: 27519 – 27526.

Cahoon E B, Lindqvist Y, Schnerider G, et al. Redesign of soluble fatty acid desaturase from plants for altered substrate specificity and double bond position[J]. *Proc Natl Acad Sci USA*, 1997, 94: 4872 – 4877.

Cahoon E B, Shanklin J, Ohlrogge J B. Expression of a coriander desaturase results in petroselinic acid production in transgenic tobacco[J]. *Proc Natl Acad Sci USA*, 1995, 89: 11184 – 11188.

Cahoon E B, Shockey J M, Dietrich C R, et al. Engineering oilseeds for sustainable production of industrial and nutritional feedstocks: solving bottlenecks in fatty acid flux[J]. *Current Opinion in Plant Biology*, 2007, 10: 236 – 244.

Carrillo C, Tulman E R, Delhon G, et al. Comparative genomics of Foot-and-mouth disease virus[J]. *Journal of Virology*, 2005, 79: 6487 – 6504.

Chen Y, Zhou G, Wang Y, Xu L. F-BOX and oleosin: additional target genes for future metabolic engineering in tung trees[J]. *Industrial Crops and Products*, 2010, 32: 684 – 686.

Chomxzynski P, Sacchi N. Single-step method of RNA isolation by acid guanidinium thiocyanate-phenol-chloroform extraction [J]. *Anal Biochem*, 1987, 162(1): 156 – 159.

Clemens S, Kunst L. Isolation of a Brassica napus cDNA encoding 3-ketocyl-CoA synthase, a condensing enzyme involved in the biosythesis of very long chain fatty acids in seeds[J]. *Plant Physiol*, 1997, 115: 313 – 314.

Dehesh K, Jones A, Knutzon D S et al. Production of high levels of 8:0 and 10:0 fatty acid in transgenic canola by overexpression of Ch FatB2, A thioesterase cDNA from Cuphes hookeriana[J]. *Plant J*, 1996, 9: 167 – 172.

Dehesh K, Tai H, Edwards P, et al. Overex dressi on of 3-ketoacyl-acyl-carrier protein synthase Ills in plants reduces the rate of lipid synthesis[J]. *Plant Physiol*, 2001, 125: 1103 – 1114.

Dittich F, Zajonic D, Huhne K, et al. Fatty acid elongation in yeast-biochemical characteristics of the enzyme system and isolation of elongation-defective mautants[J]. *Eur J Biochem*, 1998, 252: 477 – 485.

Dyer J M, Chapial D C, Kuan J C W, et al. Molecular analysis of a bifunctional fatty acid conjugase/desaturase from tung, implications for the evolution of plant fatty acid diversity[J]. *Plant Physiol*, 2002, 130: 2027 – 2038.

Dyer J M, Chapital D C, Kuan J C W, et al. Molecular analysis of a bifunctional fatty acid conjugase/desaturase from Tung. implications for the evolution of plant fatty acid diversity[J]. *Plant Physiol*, 2002, 130: 2027 – 2038.

Dyer J M, Mullen R T. Immunocytologica localization of two plant fatty acid desaturases in the endoplasmic reticulum[J]. *FEBS Lett*, 2001, 494: 44-47.

Ebel J, Schmidt W E, Loyal R. Phytoalexin synthesis in soybean cells: elicitor induction of phenylalanine ammonialyase and chalcone synthase mRNAs and correlation with phytoalexin accumulation [J]. *Arch Biochem Biophys*, 1984, 232: 240 – 248.

Egli M A, Lutz S M, Somers DA et al. A maize acetyl-coenzyme A carboxylase cDNA sequence[J]. *Plant Physiol*[J], 1995, 108: 1299 – 1300.

Elborough K M, Winz R, Deka R K, et al. Biotin carboxyl carrier protein and carboxyltransferase subunits of the multi-subunit form of acetyle-CoA carboxylase from Brassica napus: cloning and analysis of expression during oilseed rape embryogenesis [J]. *Biocheme J*, 1996, 315: 103 – 112.

Falcone D L, Gibson S, Lemieux B, et al. Identification of a gene that complements an Arabidopsis mutant deficient in chloroplast omega 6 desaturase activity[J]. *Plant Physiology*, 1994, 106: 1453 – 1459.

Frandsen G I, Mundy J, Tzen J T C. Oil bodies and their associated protein, oleosin and caleosin physiologia [J]. *Physiologia Plantarum*, 2001, 112: 301 – 307.

Galili G, Sengupta-Gopalan C, Ceriotti A. The endoplasmic reticulum of plant cells and its role in protein maturation and biogenesis of oil bodies[J]. *Plant Mol Biol*, 1998, 38: 1 – 29.

Gehrigh H, Winter K, Cushman J, et al. An improved RNA isolation method for succulent plant species rich in polyphenols and polysaccharides [J]. *Plant Molecular Biology Reporter*, 2000, 18 (4): 369 – 376.

Gornicki P, Podkowinski J, Scappino L, et al. Wheat acetyl-coenzyme A carboxylase cDNA and protein structure[J]. *Proc Natl Acad Sci USA*, 1994, 91: 6860 – 6864.

Grafe G L, Miller L A, Fehr W R, et al. Fatty acid development in a soybean mutant with high stearic acid[J]. *American Oil Chemists' Society*, 1985, 62: 773 – 775.

Grayburn W S, Collins C G, Hildebrand D F, et al. Fatty acid alteration by a delta 9 desaturase in transgenic tobacco tissue[J]. *Biotechnology*, 1992, 10(6): 675 – 678.

Guchhait R B, Polakis S E, Dimroth P, et al. Acetyl coenzyme A carboxylase system of Escherichia coli: purification and properties of the biotin carboxylase, carboxyl transferase, and carboxyl carries protein components[J]. *J Biol Chem*, 1974, 249: 6633 – 6645.

Harwood J L. Fatty acid metabolism[J]. *Annu Rev Plant Mol Biol*, 1988, 39: 101 – 138.

Hawkins D J, Kridl J C. Characterization of acyl-ACP thioesterases of mangosteen (*Garcinia mangostana*) seed and high levels of state production in transgenic canola[J]. *Plant J*, 1998, 13 (6): 743 – 752.

He X, Chen G Q, Lin J T, et al. Regulation of diacylglycerol acyltransferase in developing seeds of castor[J]. *Lipids*, 2004, 39: 865 – 871.

Heppard E P, Kinney A J, Stecca K L, et al. Development and growth temperatue regulation of two different microsomal ω-6 desaturase genes in soybeans [J]. *Plant Physiol*, 1996, 110:

311 – 319.

Heppard E P, Kinney A J, Stecca K L, et al. Developmental and growth temperature regulation of two different microsomal omega-6 desaturase genes in soybeans[J]. *Plant Physiology*, 1996, 110 (1): 311 – 319.

Hernández M L, Mancha M, Martinez-Rivas J M. Molecular cloning and characterization of genes encoding two microsomal oleate desaturases (*FAD2*) from olive[J]. *Phytochemistry*, 2005, 66: 1417 – 1426.

Hitz W D, Carlson T J, Booth J R Jr, et al. Cloning of a higher-plant plastid omega-6 fatty acid desaturase cDNA and its expression in a cyanobacterium[J]. *Plant Physiol*, 1994, 105: 635 – 641.

Hiz W D, Yadav N S, Reitier R S, et al. Reducing polyunsaturation in oils of transgenic canola and soybean[M]. In Plant Lipid Metabolism, ed. JC Kader and P Maxlizk, 1995, 506 – 508. Netherlands: Klumer Academic.

Hobbs H D, Lu C, Hills M J. Cloning of a cDNA encoding diacylglycerol acyltransferase from*Arabidopsis thaliana* and it s functional expression[J]. *FEBS Letters*, 1999, 452 (3): 145 – 149.

Hu C G, Hond A C, Kita M, et al. A simple protocol for RNA isolation from fruit trees containing high levels of polysaccharides and polyphenol compounds [J]. *Plant Molecular Biology Reporter*, 2002, 20(1): 69a – 69g.

Huang A H C, Hsieh K. Endoplasmic reticulum, oleosin, and oils in seeds and tapetum cells[J]. *Plant Physiology*, 2004, 136: 3427 – 3434.

Huang A H C. Oil bodies and oleosins in seeds[J]. *Annu Rev Plant Physiol Plant Mol Biol*, 1992, 43: 177 – 200.

Huang A H C. Oleosins and oil bodies in seeds and other organs[J]. Plant Physiol, 1996, 110: 1055 – 1061.

Iba K, Gibson S, Nishiuchi T. et al. A gene encoding a chloroplast ω-3 fatty acid desaturase complements alterations in fatty acid desaturation and chloroplast copy number of the fad 7 mutant of Arabidopsis thaliana[J]. *The Journal of Biological: Chemistry*, 1993, 268(32): 24099 – 24015.

Ichihara K, Takahashi T Fujii S. Diacylglycerol acyltransferase in maturing safflower seeds: Its influences on the fatty acid composition of triacylglycerol and on the rate of triacylglycerol synthesis [J]. *Biochimica et Biophysica Acta*, 1988, 958(1): 125 – 129.

Irma L P, Wisatre K, Mongkol N, et al. Molecular cloning and functional expression of the gene fro a cotton $\triangle^{12}$ fatty acid desaturase (FAD2) [J]. *Biochimica Biophysica Acta*, 2001, 1522: 11 – 129.

Ishizaki-Nishizawa O, Fujii T, Azuma M, et al. Low-temperature resistance of higher plants is significantly enhanced by a nonspecific syanobacterial desaturase [J]. *Nat Biotechnol*, 1996, 14: 1003 – 1006.

Jain R FK, Cofey M, Lai K, et al. Enhancement of seed oil content by expression of glycerol-3-

phosphate acyltransferase genes[J]. *Biochem Soc Trans*, 2000, 28: 958 – 961.

Jako C, Kumar A, Wei Y D, et al. Seed – specific over – expression of an Arabidopsis cDNA encoding a diacylglycerol acyltansferase enhances seed oil content and seed weight[J]. *Plant Physiology*, 2001, 126: 861 – 874.

Jako C, Kumar A, Wei Y D, et al. Seed-specific over-expression of an*Arabidopsis* cDNA encoding a diacylglycerol acyltansferase enhances seed oil content and seed weight[J]. *Plant Physiology*, 2001, 126: 861 – 874.

James D W, Lim E, Keller J, et al. Directed tagging of the Arabidopsis Fatty acid elongation(*FAE1*) gene with maize transposon activator[J]. *Plant cell*, 1995, 7: 309 – 319.

Jennifer L S, Sook J, Albert G A, et al. Endoplasmic oleyl-PC desaturase references the second double bond[J]. *Phytochemistry*, 2001, 57: 643 – 652.

Jin Un-Ho, Lee Jin-Woo, Chung Young-Soo, et al. Characterization and temporal expression of a$\omega$-6 fatty acid desaturase cDNA from sesame(*Sesamum indicum* L.) seeds[J]. *Plant Science*, 2001, 161: 935 – 941.

Jones A L, Lloyd D, Harwood JL, et al. Rapid induction of microsomal $\triangle^{12}$($\omega$6)-desaturase activity in chilled Acanthamoeba castellanii[J]. *Biochem J*, 1993, 296: 183 – 188.

Jones A. Davies HM, Voelker TA. Palmitoyl-acyl carrier protein(ACP) thioesterase and the evolutionary origin of plant acyl-ACP thioesterases[J]. *Plant Cell*, 1995, 7(3): 359 – 371.

Jung S, Powell G, Moore K, Abbott A. The high oleate trait in the cultivated peanut (*Arachis hypogaea* L.). II. Molecular basis and genetics of the trait[J]. *Mol Gen Genet*, 2000, 263: 806 – 811.

Kannangara C G, Stumpf P K. Fat metabolism in higher plants: a prokaryotic type acetyl CoA carboxylase in spinach chloroplasts[J]. *Arch Biochem Biophys*, 1972, 152: 83 – 91.

Katavlc V, Frlesen W, Barton DL. Utility of the Arabidopsis *FE7* and yeast *SLCl-1* genes for improvements in erucic acid and oil content in rapeseed[J]. *Biochem Soc Trans*, 2000, 8: 935 – 937.

Kater M M, Koningstein G M, Nijkamp H J J, et al. cDNA cloning and expression of Brassica napus enoyl-acyl carrier protein reductase in Escherichia coli [J]. *Plant Mol Biol*, 1991, 17: 895 – 909.

Kim Hu, Hsien K, Katnayake C, et al. A novel group of oleosins is p resent inside the pollen of A rabidopsis[J]. *J Biol Chem*, 2002, 277 (25): 22677 – 22684.

Kinney A J, et al. Development of genetically engineered oil seeds[J]. *In Physiology Biochemistry and Molecular Biology*, 1997, 298 – 300.

Kirsch C, Hahlbrock K, Somsscih I E. Rapid and transient induction of a parsley microsomal delta12 fatty acid desaturase mRNA by fungal elicitor[J]. *Plant Physiol*, 1997, 115: 283 – 289.

Knutzon D S, Lardizabal K D, Melsen J S, et al. Cloning of a coconut endosperm cDNA encoding a Layl-sn-glycerol-3-phosphate acyltransferase that accepts medium-chain-length substrates[J]. *Plant Physiol*, 1995, 119: 999 – 1006.

Knutzon D S, Thurmond J M, Huang Y S, et al. Nucelotide sequence of complementary cDNA clone encoding stearoyl-acyl carrier protein desaturase from castor bean(*Ricinus communis*)[J]. *Plant Physiol*, 1991, 96: 344 – 345.

Konishi T, Shinohara K, Yamada K, et al. Acetyl-CoA carboxylase in higher plants: most plants other than Graminease have both the prokaryotic and the eukaryotic forms of this enzyme[J]. *Plant Cell Physiol*, 1996, 37: 117 – 122.

Kunst L, Taylor D C, Underhill E W, Fatty acid elongation in developing seeds of Arabidopsis thaliana[J]. *Plant Physiol Biochem*, 1992, 30: 425 – 434.

Kuo T M, Gardner H W. Lipid Biotechnology [M]. New York, Basel, Marcel Dekker, Inc. 2002.

Lacey DJ, Beaudo in F, Demp sey C E, et al. The accumulation of triacylglycerols within the endop lasmatic reticulum of developing seeds of *Helianthus annuus*[J]. *Plant J*, 1999, 17: 397 – 405.

Lassner M W, Lardizabal K, Metz J G. A jojoba β-ketoacyl-CoA synthase cDNA complements the canola fatty acid elongation mutation in transgenic plants[J]. *Plant Cell*, 1996, 8: 281 – 292.

Lassner M W, Levering C K, Davies H W, et al. Lysophosphatidic acid acyltransferase from meadowfoam mediates insertion of erucic acid at the sn-2 position of triacylglycerol in transgenic rapeseed oil[J]. *Plant Physiol*, 1995, 109: 1389 – 1394.

Lehner R, Kuksis A. Biosynthesis of triacylglycerols[J]. *Progress in Lipid Research*, 1996, 35 (2): 169 – 201.

Li S J, Cronan J E(1992b) The genes encoding the two carboxyl-transferase subunits of Escherichia coli acetyl-CoA carboxylase[J]. *J Biol Chem*, 1992, 267: 16841 – 16847.

Lindqvist Y, Huang W, Schneider G, et al. Crystal structure of $\triangle^9$ stearoyl-acyl carrier protein desaturase from castor seed and its relationship to other di-iron protein[J]. *EMBOJ*, 1996, 8: 281 – 292.

Liu Q, Singh S P, Brubaker C L, et al. Molecular cloning and expression of a cDNA encoding a microsomal ω-6 fatty acid desaturase from cotton (*Gossypium hirsutum*) [J]. *Aust J Plant Physiol*, 2001, 26: 101 – 106.

Liu Q, Curt L B, Allan G G, et al. Evolution of the FAD2-1 fatty acid desaturase5'UTR intron and the molecular sysematics of Gossypium(Malvaceae)[J]. *American Journal of Botany*, 2001, 88: 92 – 102.

Los D A, Murata N. Structure and expression of fatty acid desaturases[J]. *Biochim Biophys Acta*, 1998, 1394: 3 – 15.

Marillia EF, Taylor D. Cloning and nucleotide sequencing of a cDNA encoding a*Brassica carinata* FAD2 (Accession No. AF124360)[J]. *Plant Physiology*, 1999, 120: 339.

Markham J E, Elborough K M, Winz Ra, et al. Acetyl-CoA carboxylase from Brassica napus[J]. In

JP Williams, MU Khan, NW Lem, eds, Physiology, Biochemeistry and Molecular Biology of Plant Lipids[M]. Kluwer Academic Publishers, Dordrecht, The Netherlands, 1996, 11 – 33.

Martinez-Rivas J M, Sperling P, Luhs W, et al. Spatial and temporal regulation of three different microsomal oleate desaturase genes (FAD2) from normal-type and high-oleic varieties of sunflower (Helianthus annuus L. )[J]. Mol Breed, 2001, 8: 159 – 168.

Martinez-Rivas J M, Sperling P, Lühs W, et al. Spatial and temporal regulation of three different microsomal oleate desaturase genes (FAD2) from normal-type and high-oleic varieties of sunflower (Helianthus annuus L. )[J]. Molecular Breed, 2001, 8: 159 – 168.

Mckhedov S. Lioruya O M. Ohlrogge J. Toward a functional catalog of the plant genome. A survey of genes for lipid biosythesis[J]. Plant Physiology, 2000, 122: 389 – 401.

Mikkilineni V, Rocheford T R. Sequence variation and genomic organization of fatty acid desaturase-2 (FAD2) and fatty acid desaturase-6 (fad6) cDNAs in maize[J]. Current Opinion in Plant Biology, 2003, 106: 1326 – 1332.

Millar A A, Kunst L. Very-long-chain fatty acid biosythesis is controlled through the expression and specificity of the condesing enzyme[J]. Plant J, 1997, 12(1): 121 – 131.

Murphy D J. The biogenesis and functions of lipid bodies in animals, plants and microorganisms[J]. Plant J, 2001, 13: 1 – 16.

Napier J A, Stobart A K, Shewry P R. The structure and biogenesis of plant oil bodies: the role of the ER membrane and the oleosin class of proteins[J]. Plant Mol Biol, 1996, 31: 945 – 956.

Nishida I, Beppu T, Matsuo T, et al. Nucleotide sequence of a cDNA clone encoding a prescursor to stearoyl-(acyl-carrier-protein) desaturase from spinach, Spinacia oleracea[J]. Plant Mol Biol, 1992, 19: 711 – 713.

Ohlrogge J, Browse J. Lipid biosynthesis[J]. Plant Cell, 1995, 7: 957 – 970.

Okuley J, Lightner J, Feldmann K, et al. Arabidopsis FAD2 gene encodes the enzyme that is essential for polyunsaturated lipid synthesis[J]. The Plant Cell, 1994, 6: 147 – 158.

Okuley J, Lightner J, Feldmann K, et al. Arabidopsis FAD2 gene encodes the enzyme that is essential for polyunsaturated lipid synthesis[J]. Plant Cell, 1994, 6: 147 – 158.

Passorn S, Laoteng K, Rachadawong S, et al. Heterologous expression of Mucor rouxii delta 12-desaturase gene in Saccharomyces cerevisiae[J]. Biophys Res Commun, 1999, 265(3): 771 – 776.

Perry H J, Bligny R, Gout E, et al. Changes in kennedy pathway intermediates associated with increased triacylglycerol synthesis in oil-seed rape[J]. Phytochemistry, 1999, 52: 799 – 804.

Qi B, Fraser T, Mugford S, et al. Production of very long chain polyunsaturated omega-3 and omega-6 fatty acids in plants[J]. Nature Biotechnology, 2004, 22: 739 – 745.

Roesler K R, Shorrosh B S, Ohlrogge J B. Structure and expression of an Arabidopsis acetyl-coenzyme A carboxylase gene[J]. Plant Physiol, 1994, 105: 611 – 617.

Roesler K, Shintani D, Savage L, et al. Targetion of the Arabidopsis homomeric acetyl-coenzyme carboxylase to plastids of rapeseeds[J]. *Plant Physiol*, 1997, 113: 75 – 81.

Roughan PG, Slack CR Cellular organization of glycerolipid metabolism[J]. *Annu Rev Plant Physiol*, 1982, 33: 97 – 132.

Ryan M D, Donnelly M, Lewis A, et al. A model for nonstoichiometric, cotranslational protein scission in eukaryotic ribosomes[J]. *Bioorganic Chemistry*, 1999, 27: 55 – 79.

Saha S, Enugutti B, Rajakumari S, et al. Cytosolic triacylglycerol biosynthetic pathway in oil seeds. Molecular cloning and expression of peanut cytosolic diacylglycerol acyltransferase[J]. *Plant Physiology*, 2006, 141(4): 1533 – 1543.

Saiz J C, Cairo J, Medina M, et al. Unprocessed foot-and-mouth disease virus capsid precusor displays discontinuous epitopes involved in viral neutralization[J]. *Journal of Virology*, 1994, 68: 4557 – 4564.

Sakamoto T, Wada H, Nishida I, et al. $\triangle^9$ acyl-lipid desaturases of cyanobacteria: molecular cloning and substrate specificities in terms of fatty acids, sn-positions, and polar head groups[J]. *J. Biol. Chem*, 1994, 269: 25576 – 25580.

Sakuradani E, Kobayashi M, Ashkari T, et al. Identification of Delta 12-fatty acid desaturase from arachidonic acidproducing mortierella fungus by heterologuos expression in the yeast Saccharomyces cerevisiae and the fungus Aspergillus oryzae[J]. *Eur J Biochen*, 1999, 261(3): 812 – 820.

Sarmiento C, Ro ss J H E, Herman E, et al. Expression and subcellar targeting of a soybean oleosin in transgenic rapeseed implications for the mechanism of oil-body for mation in seeds[J]. *Plant J*, 1997, 11: 783 – 796.

Sasaki Y, Hakamada K, Suama Y, et al. Chloroplast-encoded protein as a subunit of acetyl-CoA carboxylase in pea plant[J]. *J Biol Chem*, 1993, 268: 25118 – 25123.

Sasaki Y, Konishi T, Nagano Y. The compartmentation of acetyl-coenzyme A carbo xylase in plants [J]. *Plant Physiol*, 1995, 108: 445 – 449.

Scheffler J A, Schimdt H, Sperling P. Desaturase multigene families of *Brassica napus* arose through genome duplication[J]. *Theor Appl Genet*, 1997, 94: 583 – 591.

Schlueter J A, Vasylenko-Sanders I F, Deshpande S, et al. The *FAD2* gene family of soybean: Insights into the structural and functional divergence of a paleopolyploid genome[J]. *Crop Science*, 2007, 47: 14 – 26.

Schwartzbeck J L, Jung S k, Abbott A G, et al. Endoplasmic oleoyl-PC desaturase references the second double bond[J]. *Phytochemistry*, 2001, 57: 643 – 652.

Setiage S H, Wilson RF, Kwanyuen P. Localization of diacylglycerol acyltransferase to oil body associated endoplasmic reticulum[M]. *Plant Physiol Biochem*, 1995, 33: 399 – 407.

Shanklin J, Cahoon EB, Desaturation and related modifications of fatty acids[J]. *Annu Rev Plant Physiol Plant Mol Biol*, 1998, 49: 611 – 641.

Shanklin J, Somerville C. Stearoyl-ACP desaturase from higher plants is structurally unrelated to the animal homolog[J]. *Proc Natl Acad Sci USA*, 1991, 88: 2510 – 2514.

Shintani D K, Ohlrogge J B. Feedback inhibition of fatty acid synthesis in tobacco suspension cells [J]. *Plant*, 1995, 7: 577 – 587.

Shockey J M, Gidda S K, Chapital D C, et al. Tung tree *DGAT1* and *DGAT2* have nonredundant functions in triacylglycerol biosynthesis and are localized to different subdomains of the endoplasmic reticulum[J]. *The Plant Cell*, 2006, 18: 2294 – 2313.

Shulte W, Topfer R, et al. Multifunctional acetyl-CoA carboxylase from Brassica napus is encoded by multi-gene family: indication for plastidic localization of at least one isoform[J]. *Proc Natl Acad Sci USA*, 1997, 94: 3465 – 3470.

Siloto R M, Findlay K, Lopez-Villalobos A, et al. The Accumulation of Oleosins Determines the Size of Seed Oilbodies in Arabidopsis[J]. *The Plant Cell*, 2006, 18: 1961 – 1974.

Slabas A R, Fawcett T. The biochemistry and molecular biology of plant lipid biosythesis[J]. *Plant Mol Biol*, 1992, 19: 169 – 191.

Somerville C, Browse J. Dissecting desaturation: plants prove advantageous[J]. *Trends Cell Biol*, 1996, 6: 148 – 153.

Somerville C, Browse J. Plant lipids: Metabolism, Mutants and Membranes[J]. *Science*, 1991, 252: 80 – 87.

Sorgan S K, Jason T C, Tzen, et al. Gene family of Oleosin isoforms and their structural stabilization in sesame seed oil bodies[J]. *Biosci. Biotechnol. Biochem*, 2002, 66 (10): 2146 – 2153.

Stan S. Robert, Surinder P. Singh, Xue-Rong Zhou, et al. Metabolic engineering of Arabidopsis to produce nutrionally important DHA in seed oil [J]. *Functional Plant Biology*, 2005, 32: 473 – 479.

Stefansson B R, Hougen F W, Downey R K. Not on the isolation of rape of plants with see oil free from erucic acid[J]. *Canadian J. Plant Sci*, 1961, 41: 218 – 219.

Stender S, Dyergerg J, Holmer G, et al. The influence of trans fatty acids on health: a report from the Danish Nutrition Council[J]. *Clinical Science*, 1995, 88: 375 – 392.

Stoutjesdijk P A, Hurlestone C, Singh S P, et al. High-oleic acid Australian Brassica napus and B. juncea varieties produced by co-suppresiion of endog-enous Delta 12-desaturases[J]. *Biochem Soc Trans*, 2000, 28(6): 938 – 940.

Stymne S, Stobart AK, Gladd G. The role of the acyl-CoA pool in the synthesis of polyunsaturated 18 carbin fatty acids and triacylglycerol production in the microsomes of developing safflower seeds [J]. *Biochimica et biophysica acta*, 1983, 752: 198 – 208.

Thelen J J, Ohlrogge J B. Metabolic engineering of fatty acid biosynhesis in plants[J]. *Metab Eng*, 2002, 4: 12 – 21.

Thompson G A, Scherer D E, Aken S F, et al. Primary structures of the precursors and mature forms of stearoyl-acyl carrier protein desaturase from sunflower embryos and requirement of ferredoxin for enzyme activity[J]. *Proc Natl Acad Sci USA*, 1991, 88: 2578 – 2582.

Tocher D R, Leaver M J, Hodgson P A Recent advances in the biochemistry and molecular biology of fatty acyl desaturases[J]. Prog. *Lipid Res*, 1998, 37(No. 2/3): 73 – 117.

Todd J, Post-Beittenmiller D, Jaworski J G. KCS1 encodes a fatty acid elongase 3-ketoacyl-CoA synthase affecting wax biosyntheses in Arabidopsis thaliana[J]. *Plant J*, 1999, 17: 119 – 130.

Tonnet M L, Green A G. Characterization of the seed and leaf lipids of high and low linolenic acid flax genotypes[J]. *Arch. Biochem. Biophy*, 1987, 256: 90 – 100.

Topfer R, Martini M, Schell J. Modification of plant lipid synthesis[J]. *Science*, 1995, 268: 681 – 686.

Toshio Sakamoto, Hajime Wada, Ikuo Nishika. Identification of conserved domains in the $\triangle^{12}$ desaturases of cyanobacteria[J]. *Plant Molecular Biology*, 1994, 24: 643 – 650.

Tzen J T C, Lai Y K, Chan K, et al. Oleosin forms of high and low molecular weights are preset in the oil bodies of diverse seed species [J]. *Plant Physiol*, 1990, 94: 1282.

Tzen J T C, Cao Y, Laurent P, et al. Lipids, proteins and structure of seed oil bodies from diverse species[J]. *Plant Physiol*, 1993, 102(11): 267 – 276.

Urie A L. Inheritance of high oleic acid in sunflower[J]. *Crop Sci.*, 1985, 25: 986 – 989.

Van de Loo F J, Broun P, Turner S, et al. An oleate 12-hydroxylase from *Ricinus communis* L. is a fatty acyl desaturase homolog[J]. *Proc. Natl. Acad. Sci. USA*, 1995, 92: 6743 – 6747.

Van Rooijen G J, Moloney M M. Plant seed oil-bodies as carriers for foreign proteins[M]. *Biotechnology* (*N. Y.*), 1995, 13: 72 – 77.

van Rooijen G J, Moloney M M. Structural requirements of oleosin domains for subcellular targeting to the oil body[J]. *Plant Physiology*, 1995, 109: 1353 – 1361.

Voelker T A, Hayes T R, Cranmer A M, et al. Genetic engineering of a quantitative trait: metabolic and genetic parameters influencing the accumulation of laurate in rapeseed[J]. *Plant J*, 1996, 9: 229 – 241.

Vogel G, Browse J. Cholinephosphotransferase and diacylglycerol acyltransferase (substrate specificities at a key branch point in seed lipid metabolism) [J]. *Plant Physiology*, 1996, 110: 923 – 931.

Wada H, Muruta N. Temperature-induced changes in the fatty acid composition of the canobacterium, synechocystis PCC 6803[J]. *Plant Physiol*, 1990, 92: 1062 – 1069.

Wallis J G, Browse J. Mutants of *Arabidopsis* reveal many roles for membrane lipids[J]. *Prog Lipid Res*, 2002, 41: 254 – 278.

Weselake R J. Storage lipids in: Murphy DJ (ed). Plant Lipids: biology, utilization and manipulation. Blackwell, Oxford, 2005, 162 – 225.

Willett W C, Stampfer M J, Manson J E, et al. Intake of trans fatty acids and risk of coronary heart disease among women[J]. *Lancel*, 1993, 341: 581 – 585.

Yadar N, Wierzbicki A. Knowltion S, et al. In Murata N, Somerville C R, (eds). American Society of Plant Physiologists, Rockville, M D, 1993, 60 – 61.

Yanai Y, Kawasaki T, Shimada H, et al. Genomic organization of 251 kDa acetyl-CoA carboxylase genes in Arabidopsis: tandem gene duplication has made two differentially expressed isozymes [J]. *Plant Cell Physiol*, 1995, 36: 779 – 797.

Yicun Chen, Yangdong Wang, Guan Zhou, et al. Key Mediators Modulating TAG Synthesis and Accumulation in Woody Oil Plants [J]. *African Journal of Biotechnology*, 2008, 7 (25): 4743 – 4749.

Yukawa Y, Takaiwa F, Shojik K, et al. Structure and expression of two seed-specific cDNA encoding stearoyl-acylcarrier protein desaturase from seame, *Seamum indicum* [J]. *Plant Cell Physiology*, 1996, 37 (2): 201 – 205.

Zoll J, Galama J M D, Melchers W J G, et al. Genetic analysis of mengovirus protein 2A: its function in polyprotein processing and virus reproduction [J]. *Journal of Virology*, 1998, 79: 17 – 25.

Zou J, Katabic V, Giblin EM, et al. Modification seed oil content and acyl composition in the Brassicaceae by expression of a yeast sn-2 acyl transferase gene [J]. *Plant Cell*, 1997, 9: 909 – 923.

Zou J, Katavic V, Giblln EM, et al. Modification of seed oil content and acyl composition in the Brassicaceae by expression of a yeast sn-2acyl-transferasegene [J]. *Plant Cell*, 1997, 9: 909 – 923.

# 第三章　油桐分子标记育种基础研究

　　植物的种质资源（germplasm resource）是其遗传性状保持连续、稳定的物质基础，更是实施各种育种途径的重要原材料。开展油桐种质资源的收集工作，对于丰富油桐育种资源、促进油桐优良品种选育和实施现代遗传改良工作都具有十分重要的意义。传统的油桐育种理论和方法受时间、技术、成效等方面的限制，已无法满足日益增长的社会需求，需要尽快过渡到现代育种上来。近年来，随着生物技术的迅速发展，人类创造和利用种质资源的能力日益增强，特别是分子标记技术的发展，使得它已成为开发利用植物种质资源的有力工具。开展油桐品种资源的分子标记育种工作，可以进一步拓宽油桐育种基础、缩短育种周期、创新种质资源以及有效地指导杂种优势育种的亲本选配。

## 第一节　油桐种质资源的收集

　　为了更好地保存和利用油桐种质的遗传多样性，丰富和充实油桐育种工作的物质基础，必须把发掘和收集油桐种质资源作为开展育种工作的首要任务。

　　首先，开展油桐种质资源的收集有助于促进油桐优良品种的选育。由于我国油桐分布区的自然生态条件差异很大，加上在长期栽培过程中实施的多世代选择的结果，导致油桐种群系统发育过程中产生了许多反映在生态习性、形态特征、经济价值等方面具有明显区别的许多地方品种。我国油桐良种选育工作在近50多年的种质资源调查与筛选实践中，发掘了很多对当地自然条件适应性强、经济性状好的地方品种，其中很多优良的油桐品种在生产实践上被人们直接用来进行就地推广或进一步的驯化改良后，进行引种推广应用，创造了十分显著的经济价值。因此，开展油桐优良品种种质资源的收集，可以促进油桐优良品种的选育。

　　其次，开展油桐种质资源的收集有助于进一步拓宽油桐品种资源的遗传基础，增加品种的遗传多样性。现有的油桐品种资源是人们在长期的生产实践中经过人为驯化而来的，在漫长的驯化过程中，强大的选择压力使得油桐品种的不少特异性基因丢失，品种资源的多样性降低，遗传基础逐渐变得狭小。然而，油桐品种资源的单一化和遗传基础的狭窄，恰恰增加了对严重病虫害或有害自然条件抵抗能力的遗传脆弱性，一旦环境发生骤变，就会导致油桐资源发生毁灭性的灾难，甚至有灭绝的危险。通过油桐种质资源的收集，可进一步在现有的油桐品种的基础上引进新的基因型品种，促进不同油桐品种间的基因交流并及时补充缺失的基因类型。因此，充分保护和利用丰富的油桐种质资源，对于扩大新品种的物质基础、增加品种的遗传多样性是十分必要的。

最后，开展油桐种质资源的收集能进一步丰富油桐育种材料，创新种质资源。自然界中存在着许多野生的油桐变种或近缘种。这些变种或近缘种由于未经过人工多世代的选择，其经济价值往往不高，但它们所携带的许多优良基因资源如抗寒性、抗虫性、适宜性和生活力等可能是广为栽培的油桐品种类型所缺乏的，通过收集这些特殊的种质类型，可以通过人工杂交的方法进行种质创新，将那些优良的经济性状或数量性状通过基因重组的方式整合到一个新的油桐品种资源中，从而形成新的种质类型。

由此可见，开展油桐种质资源的收集工作是一切育种工作的基础，认真做好油桐种质资源的收集对于油桐的遗传改良工作具有十分重要的意义。

## 一、油桐遗传资源概况

### 1. 油桐的栽培区划

我国的油桐育种工作者在长期的野外资源调查与实践中，按照分布区自然条件的差异，将全国的油桐品种资源栽培区共划分为 3 个区 15 个亚区和 38 个地区（何方，1987）。

（1）边缘栽培区

包括亚热带的北、中、南 3 个气候带。在北亚热带 >10℃积温 3500～4500℃至 5000～5300℃，天数 220～240d，年极端低温 -20～-10℃，连续较长时间 -10℃以下光桐将遭受冻害，不能顺利越冬。在南热带终年高温，三年桐不能完成冬季休眠，有碍结实。往西海拔高、气温低和水分不足，东部丘陵又因土壤条件不适，而限制三年桐分布。因此，在北部和南部，西边和东边都存在局部边缘栽培区。

（2）主要栽培区

三年桐主要栽培区主要包括贵州、湖南、湖北全部；江苏、安徽、河南、陕西的南部；广东、广西、江西、福建的北部；浙江的西部；四川的东部和云南的东北部，约 400 个县。

（3）中心栽培区

中心栽培区主要包括川东南，重庆，鄂西南，湘西北和黔东北交界比邻的地方，是我国三年桐的著名产区。全国有油桐基地县101个，其中50余个在此区域。

2. 主要利用的油桐栽培种

我国人工培育和栽培油桐的历史相当久远，人们在长期的生产实践中筛选出许多经济性状优良、品质稳定且具有一定适应范围的油桐优良品种。根据20世纪80年代对全国油桐品种的资源调查，共发掘油桐品种184个（含已鉴定育成的13个三年桐系、8个千年桐无性系和9个千年桐地方品种）（谭晓风，2006），主要分为六大品种群，即对年桐品种群、小米桐品种群、大米桐品种群、柿饼桐品种群、窄冠桐品种群和柴桐品种群。在这184个油桐地方品种、类型中，由于其遗传品质、适应范围、经济价值、栽培数量等方面存在很大差异。为此，又从中评定出71个全国油桐主要栽培品种。

目前，这些主栽品种约占全国现有油桐林的70%以上，成为我国油桐资源中的主要部分（方嘉兴和何方，1998）。这些不同的油桐品种有的直接就地进行推广应用，如湖北五爪龙、陕西大米桐、龙胜大蟠桐、河南叶里藏、安徽独果球、湖南葡萄桐、云南矮子桐、贵州对年桐、重庆云阳窄冠桐、桂皱27号无性系、浙皱7号无性系等，这些就地推广的油桐品种类型对当地的自然条件适宜性较强，表现出优良的经济性状；还有不少油桐品种被进一步引种至其他地方进行推广应用的，其中四川小米桐、四川大米桐、湖南葡萄桐、漳浦垂枝型皱桐、福建一盏灯、浙江五爪桐、广西对年桐等是被国内引种推广最多、最广的品种，这其中有经试种被直接扩大繁殖推广的，也有进行驯化改良应用的，还有用作家系选育或杂交育种亲本的。

3. 油桐野生种

野生种（wild species）是指自然生态系统中所有非人为控制环境下生存的野生类型。自然界中的许多地区存在很多野生的油桐资源类型，这些野生型是经长期的自然选择所保留下来的，通常具有一般栽培种所没有的特殊性状，如对不良环境有更大的适应能力，对常见病虫害有更强的抗性，以及对冻害有更强的抗寒性等，但这类油桐类型经济性状往往较差，产量也低。而野生型的遗传力往往较强，只要正确地利用就能够提高其优良性状、优良特性的基因型频率，在育种工作中具有十分重要的特殊意义。

## 二、油桐种质资源的收集与保存

我国油桐栽培历史悠久，分布范围广泛，品种资源极其丰富，但在过去的很长时间内未对其进行全国范围内的系统收集、整理和分类工作。在 20 世纪 80 年代之前，只有四川、广西、湖南、浙江各省在其省内部分产区进行过局部的品种调查工作（龚榜初和蔡金标，1996）。直到 1981 年，全国油桐科学研究协作组才开始组织力量开展以油桐种质资源收集为基础，以地方品种调查为中心，以地方主栽品种整理及其优树选择为重点的全国性资源收集工作。至 1985 年相关工作基本完成，共收集油桐地方品种类型 184 个。1989 年，全国开始建立西南库（贵州）、中南库（湖南）、华东库（浙江）、华南库（广西）、西北库（河南、陕西）共 5 处油桐基因库，分别将所在省和邻近省区的所有油桐品种与优树，以及某些特殊性状的个体收集到基因库内。该基因库于 1990 年全面建成，共收集保存基因资源号 1239 个。除全国性油桐基因库外，还建立了省、地、县级油桐基因库 19 处，共收集种质资源 610 号，分别由所在的省、地、县林业科学研究所结合育种任务营建（方嘉兴和何方，1998）。如 1978 ～ 1988 年，福建省林业科学研究所，先后从四川、湖南、湖北、贵州、河南、浙江、安徽、江苏、广西、云南 10 个省（自治区）引进油桐品种类型 55 个，加上福建省收集的油桐农家品种 42 个，构建油桐种质资源基因库约 8.67hm$^2$（欧阳准，1991）。

20 世纪 90 年代，由于一些替代产品的产生，如人工合成油漆因其价格优势而大量上市，加上桐油的应用研究和深度开发力度不够等缘故，导致桐油价格大幅下降，影响了桐农的生产积极性，许多地方的油桐树被砍掉（张玲玲和彭俊华，2011 ）。同时，国家及地方政府也全部中止了对油桐科研和生产的资助，大批油桐科研人员转向其他经济林木的研究，科研基地也转为他用，即使有少量基地被保留，也因为长年荒芜，桐树大量死亡；原来建立的西南库（贵州）、中南库（湖南）、西北库（河南、陕西）3 个全国性油桐种质资源库也基本被毁，仅保留了华东库（浙江）和华南库（广西）的若干品种；多数地方品种已经濒临灭绝或已经绝灭，只有四川、湖南、湖北、贵州、重庆及其毗邻地区还有一部分油桐（谭晓风，2006）。

近年来，随着人们逐渐认识到人工合成油漆带来的环境污染和对人体健康的伤害，以及国际能源供应的紧张状态和能源多元化趋势为油桐生产的恢复提供了新的发展机遇，发展油桐生产重新被提上日程。目前，我国不少地区的研究机构和组织也在竭力抢救、收集现有的油桐种质资源，恢复油桐的生产，扩大油桐的种植面积。中国科学院武汉植物园彭俊华带领课题组在油桐分布中心武陵山区及周边地区对油桐种质资源进行了抢救性收集，已收集到种质 430 余份，在四川遂宁和湖北武汉建立起 500 余亩种质资源圃，并在湖北恩施和四川遂宁建成了 20 多万亩生物能源和生物化工原料油桐科研与生产示范基地。2011 年，由国家林业局国有林场和林木种苗工作总站委托湖南林木种苗管理站实施、湘西自治州森林生态研究实验站建设的国家油桐种质资源保存库全面落成，共收集并保存包括湖南、贵州、重庆、广西、湖北、四川、江西、河南、陕西等地的油桐种源、品种（类型）、家系和无性系等种质资源 213 份。四川汉源县林业局在大渡河、流沙河流域一带荒山荒坡广泛推广油桐栽培，2002~2004 年 3 年累计栽培油桐面积达 2.87 万亩。自 2008 年起，全国油桐良种科技试验示范县——广西田林县 3 年内示范推广种植新优油桐共计 2.4 万亩。

## 第二节　油桐品种资源的遗传多样性研究

遗传多样性（genetic diversity）是生物多样性的重要组成部分，是地球上所有生物携带的遗传信息的总和（施立明等，1990）。尽管广义的遗传多样性可泛指地球上所有生物携带的遗传信息，包括不同物种的不同基因库所体现出来的物种多样性，但作为生物多样性的一个重要层次，遗传多样性所指的主要还是种内的遗传变异（施立明等，1990；葛颂，1994）。它既包括群体内的个体间变异也包括群体间或群体系统生态型变种、亚种间，以及农业上品系品种间的遗传差异（施立明，1990；葛颂，1994；Hamrick，1989）。油桐从野生状态到被人类广泛栽培利用，经历了漫长的历史过程。在此过程中，错综复杂的生态环境因素施加的自然选择，人类长久植桐生产实践中有意识的人工选择，加上油桐自身靠虫媒异花授粉、天然杂交导致家系间遗传基因分离与重组的特性，致使油桐拥有丰富的遗传变异性，遗传背景复杂，形成了众多的地方品种（欧阳准等，1991）。对这些不同的油桐品种进行遗传多样性研究，有助于理清不同油桐品种间的亲缘关系，从而进一步促进油桐种质资源的分类、鉴定及良种的选育。

人们对遗传多样性的检测最初是从形态学开始的。随着染色体的发现及其结构和功能的澄清，人们又把研究的重点转向染色体上（Merrell，1981；Stebbins，1950）。20 个世纪 60 年代，随着酶电泳技术及特异性组织化学染色法应用于群体遗传和进化研究，使得科学家们从分子水平来客观地揭示遗传多样性成为可能，同时极大地推动了该领域的发展（Hubby 等，1966；Ayala 等，1984）。进入20 世纪 80 年代后，随着分子生物学的发展，特别是分子标记技术的发展，给遗传多样性研究带来了一系列新的检测方法，如 RFLP（restriction fragment length polymorphism，限制性片段长度多态性）、ISSR（inter-simple sequence repeat，简单重复间序列多态性）、RAPD（random amplified polymorphism DNA，随机扩增片段多态性）、SSR（Simple Sequence Repeat，简单序列重复）、AFLP（amplification fragment length polymorphism，扩增片段长度多态性），以及最新发展起来的 SNP（single nucleotide polymorphisms，单核苷酸多态性）技术，这些方法可以更加直接地测定遗传物质本身 DNA 序列的变异。

ISSR 分子标记技术是近几年在微卫星（micro-satellite）或简单序列重复（SSR）技术的基础上发展起来的一种新的分子标记技术。与 RFLP、RAPD、SSR 相比，ISSR 技术可以揭示更多的多态性，但比 SSR 技术简单，并具有更高的稳定性和重复性，现已在遗传图谱构建（Bornet，Branchard，2001；Sankar，Moore，2001）、基因定位（Ratnaparkhe，1998）、遗传多样性分析（Luan 等，2006）、种质资源鉴定（Escondon 等，2007）等方面广泛应用。在油桐分子辅助育种方面，曾有报道采用了 RAPD 技术，对 3 个类型 6 个品种的家系进行了检测（吴开云等，1998），但未见 ISSR 技术用于油桐的相关研究报道。

ISSR 是一种基于聚合酶链式反应（polymerase chain reaction，PCR）的分子标记。扩增反应易受到组分浓度的影响，需通过试验反应对 PCR 扩增体系中的主要组分如引物、$Mg^{2+}$、dNTP 及 Taq 酶等试剂浓度进行摸索，建立 ISSR 技术的最佳反应体系，以提高该技术的扩增效率和稳定性。目前，对 ISSR-PCR 反应体系进行优化主要采用单因子试验或正交设计两种方法。单因子试验分别研究各因素对 PCR 扩增反应的影响，已广泛应用于 PCR 反应体系的建立和优化。正交试验设计具有均衡分散、综合可比、可伸可缩、效应明确的特性，可了解各因素之间的内在规律，较快地找到最优的水平组合（续九如和黄智慧，1998）。本节重点阐述分别采用上述两种方法综合分析不同因素对油桐 ISSR-PCR 反应的影响，并建立油桐 ISSR-PCR 反应的最佳反应体系；在这个技术平台的基础上，揭示出 64 个油桐品种的遗传多样性特征。

## 一、研究方法

1. 油桐基因组 DNA 的提取和检测方法

（1）提取方法

根据 Doyle 等（1987）、邹喻苹等（2001）的 CTAB 法，稍做改进，提取基因组 DNA。具体步骤如下：

①新鲜叶片放入碾钵中，加入液氮，迅速碾磨成粉末，移至 5mL 离心管中。

②加入 2mL 65℃预热的 2×CTAB 提取缓冲液，水浴加热 30～45min，加热过程中不时轻轻颠倒混匀。

③冷却至室温后加入 1.8mL 氯仿：异丙醇（24:1），轻轻混匀，12000rpm 离心 10min。

④上清移至另一管中，加入等体积的氯仿：异丙醇（24∶1），12000rpm 离心 10min，重复抽提两次。

⑤上清移至另一新管，加入 2/3 体积的 −20℃ 预冷的无水乙醇，−20℃ 放置 30min。

⑥用玻璃棒挑出絮状沉淀，加入 1mL −20℃ 预冷的 70% 乙醇，12000rpm 离心 1min，重复 3 次。

⑦弃上清，室温中自然风干 DNA。

⑧加入 500μL 1 × TE 缓冲液溶解 DNA，加入 2μL RNase A 储备液（10mg/mL），37℃ 循环水浴锅中放置 30min。

⑨加入等体积的氯仿：异丙醇（24∶1）抽提一次，将水相转入另一个 1.5mL 离心管，加入 2 倍体积的 −20℃ 预冷的 70% 乙醇，混匀，12000rpm 离心 10min，收集沉淀，在室温下自然风干直至沉淀无乙醇味。

⑩视沉淀多少加入适量（50 ~ 100μL）1 × TE 缓冲液，分装后 −20℃ 储存备用。

（2）DNA 质量的检测方法

①电泳缓冲液的配制。50 × TAE（电泳储存液）：2mol/L Tris-醋酸，0.1mol/L EDTA。工作液为 1 × TAE，将储存液稀释 50 倍。

②利用紫外分光光度计检测 DNA 浓度及纯度，0.8% 的琼脂糖凝胶电泳检测 DNA 质量。

2. 单因子试验和正交试验的设计

（1）单因子试验设计

根据前期试验结果，设计 Taq 酶、$Mg^{2+}$、dNTP、引物 4 个因素 3 个水平（表3-1）对 ISSR-PCR 反应体系的影响，重复 3 次，反应总体积 20μL。模板 DNA 浓度均为 40ng，引物为 855（AC）$_8$YT。反应程序：94℃ 预变性 5min，94℃ 变性 45s，56℃ 退火 75s，72℃ 延伸 1.5min，循环 45 次，72℃ 延伸 8min，4℃ 保存。PCR 产物用 1.5% 琼脂糖凝胶电泳检测，EB 染色，紫外成像。对结果进行直观评价，初步确立各个因素的最佳反应浓度。

表3-1 油桐 ISSR-PCR 反应中的各因素水平

| 影响因素 | 因素水平（体系终浓度） | | |
| --- | --- | --- | --- |
| | 1 | 2 | 3 |
| Taq 酶（U/（20μL） | 1.0 | 1.5 | 2.0 |
| $Mg^{2+}$（mmol/L） | 1.5 | 2.0 | 2.5 |
| dNTP（mmol/L） | 0.20 | 0.25 | 0.30 |
| 引物（μmol/L） | 0.3 | 0.4 | 0.5 |

(2)正交试验设计

针对影响 PCR 反应的 Taq 酶、$Mg^{2+}$、dNTP、引物 4 个因素，选用 L9(34)正交表在 3 个水平上试验(杜荣骞，2003)(表3-2)，重复 3 次。参加 PCR 反应的因素水平同单因子试验。ISSR-PCR 扩增程序、PCR 产物检测与单因子试验相同。在正交试验结果进行直观分析的基础上，结合单因子试验结果进行综合分析，建立油桐 ISSR-PCR 反应的最佳反应体系。

表 3-2　PCR 正交设计

| 处理号 | 影响因素 | | | |
| --- | --- | --- | --- | --- |
| | Taq 酶( U/(20μL) | $Mg^{2+}$ ( mmol/L) | dNTP( mmol/L) | 引物( μmol/L) |
| 1 | 1.0 | 1.5 | 0.20 | 0.3 |
| 2 | 1.0 | 2.0 | 0.25 | 0.4 |
| 3 | 1.0 | 2.5 | 0.30 | 0.5 |
| 4 | 1.5 | 1.5 | 0.25 | 0.5 |
| 5 | 1.5 | 2.0 | 0.30 | 0.3 |
| 6 | 1.5 | 2.5 | 0.20 | 0.4 |
| 7 | 2.0 | 1.5 | 0.30 | 0.4 |
| 8 | 2.0 | 2.0 | 0.20 | 0.5 |
| 9 | 2.0 | 2.5 | 0.25 | 0.3 |

## 二、油桐 ISSR-PCR 反应体系的建立

1. 油桐基因组 DNA 的提取

高质量的油桐 DNA 是进行 ISSR-PCR 的基础。采用改良后的 CTAB 法提取的 DNA 呈无色絮状沉淀，电泳结果显示 DNA 完整，无明显降解，无 RNA 污染，点样孔较干净(图3-1)。DNA 的 OD260/OD280 为 1.82，表明改良后的 CTAB 法提取的高质量油桐基因组 DNA 可以满足将要进行的分子标记的需要。

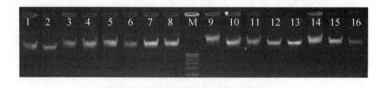

**图 3-1　16 个油桐样品基因组 DNA**

1~16：样品号 1~16；M：标准分子量 DNA。

2. 单因子试验分析

(1) Taq 酶用量对 ISSR-PCR 的影响

在 PCR 反应体系中，Taq 酶用量直接关系扩增的质量，浓度过高会产生非特异

性扩增，过低则不能扩增。本试验在 20 μL 的反应体系中对 Taq 酶设置了 1.0U、1.5U、2.0U 三个梯度进行扩增，结果表明随着酶浓度的增加，非特异性扩增增加，产生拖尾现象(图 3-2)。酶用量为 1.0U/(20μL)时的扩增效果明显好于其他两个水平，初步确定 1.0U/(20μl)为油桐 ISSR-PCR 反应体系中 Taq 酶的最佳浓度。

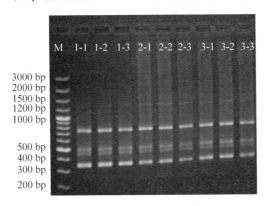

**图 3-2　不同 Taq 酶用量的 ISSR-PCR 电泳结果**

1-1～1-3，2-1～2-3，3-1～3-3：Taq 酶用量分别为 1.0 U，1.5 U，2.0 U；M：3000bp 标准分子量 DNA。

（2）dNTP 浓度对 ISSR-PCR 的影响

dNTP 浓度直接影响扩增反应的效率。从图 3-3 可以看出，当 dNTP 浓度为 0.20mmol/L 时的效果最好，条带清晰度高，多态性好。初步确定 0.20mmol/L 为油桐 ISSR-PCR 反应体系中 dNTP 的最佳浓度。

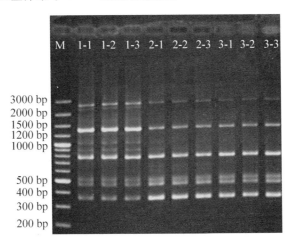

**图 3-3　不同 dNTP 用量的 ISSR-PCR 电泳结果**

1-1～1-3，2-1～2-3，3-1～3-3：dNTP 浓度分别为 0.20，0.25，0.30mmol/L；M：3000bp 标准分子量 DNA。

（3）Mg$^{2+}$浓度对 ISSR-PCR 的影响

Mg$^{2+}$在 PCR 中的作用是激活 Taq 酶，通过影响 Taq 酶活性而间接影响 PCR 扩增（萨姆布鲁克和拉塞尔，2002），还能与反应液中的 dNTP、模板 DNA 及引物结合，影响引物与模板的结合效率、模板与 PCR 产物的解链温度以及产物的特异性和引物二聚体的形成（林万明等，1993）。从图 3-4 可以看出，Mg$^{2+}$浓度在 2.0 mmol/L 和 2.5 mmol/L 时扩增效果较好，但两者之间无显著差异，结合节省试剂等因素，初步将 2.0 mmol/L 确定为 Mg$^{2+}$的反应浓度。

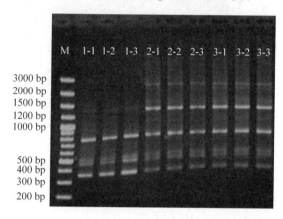

**图 3-4　不同 Mg$^{2+}$用量的 ISSR-PCR 电泳结果**

1-1～1-3, 2-1～2-3, 3-1～3-3：Mg$^{2+}$浓度分别为 1.5, 2.0, 2.5 mmol/L；M：3000bp 标准分子量 DNA。

（4）引物浓度对 ISSR-PCR 的影响

引物浓度也是影响 PCR 反应的重要因素之一，浓度过低不能产生扩增，浓度过高会增加引物二聚体的形成，导致条带不清晰或者产生新的特异性位点。在引物浓度为 0.4 μmol/L 时条带虽然比其他两水平弱，但在 200 bp 附近多出一条带（图 3-5），所以初步将 0.4 μmol/L 作为油桐 ISSR-PCR 反应体系中引物的最佳浓度。

3. 正交试验分析

根据 PCR 产物条带的强弱和杂带的多少对正交试验结果（图 3-6）进行直观分析，最好的记为 9 分，最差的记为 1 分。9 个组合的分数依次为 4、7、9、2、5、6、3、8、1。根据分数求出每个因素同一水平下的试验值之和 K$_i$，以及每一因素水平下的数据平均值 k$_i$，并求出同一因素不同水平间平均值的极差 R（表 3-3）。

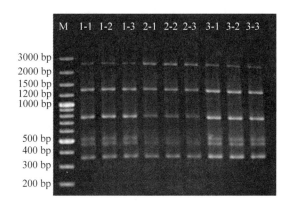

**图 3-5 不同引物用量的 ISSR-PCR 电泳结果**

1-1 ~ 1-3，2-1 ~ 2-3，3-1 ~ 3-3：引物浓度分别为 0.3，0.4，0.5 μmol/L；M：3000bp 标准分子量 DNA。

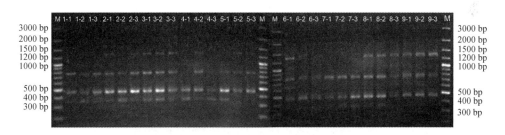

**图 3-6 ISSR-PCR 正交试验结果**

1 ~ 9：处理组（同表 3-2）；M：3000bp 标准分子量 DNA。

**表 3-3 正交设计直观分析**

| 结果 | 影响因素 | | | |
|---|---|---|---|---|
| | Taq 酶 | $Mg^{2+}$ | dNTP | 引物 |
| $K_1$ | 20 | 9 | 18 | 10 |
| $K_2$ | 13 | 20 | 10 | 16 |
| $K_3$ | 12 | 16 | 17 | 19 |
| $k_1$ | 20/3 | 3 | 6 | 10/3 |
| $k_2$ | 13/3 | 20/3 | 10/3 | 16/3 |
| $k_3$ | 4 | 16/3 | 17/3 | 19/3 |
| $R$ | 8/3 | 11/3 | 8/3 | 3 |

注：$K_i$：每个因素同一水平下的试验值之和；$k_i$：每一因素水平下的数据平均值；$R$：同一因素不同水平间平均值的极差。

极差 $R$ 反映了各因素对反应体系的影响情况，极差越大，表明影响越显著。由表 3-3 可知各因素对 PCR 反应影响最大的是 $Mg^{2+}$，其次是引物，Taq 酶和 dNTP 的影响相当。

每一因素水平下的数据平均值 $k_i$ 反映了影响因素各水平对反应体系的影响情况，$k_i$ 值越大，反应水平越好。由表 3-3 可知，由正交设计所得出的 ISSR-PCR 反应中 4 个因素的最佳反应水平分别为：Taq DNA 聚合酶 1.0 U/20 μL，$Mg^{2+}$ 2.0 mmol/L，dNTP 0.30 mmol/L，引物 0.5 μmol/L。Taq 酶、$Mg^{2+}$ 最佳浓度单因子试验和正交试验结果均一致，因此分别将 1.0 U/（20 μL）和 2.0 mmol/L 确定为 Taq 酶和 $Mg^{2+}$ 最佳浓度；dNTP 在单因子试验中最佳浓度为 0.20 mmol/L，与正交试验结果存在差异，由于 dNTP 浓度过高时会与 $Mg^{2+}$ 螯合而对扩增反应起抑制作用（萨姆布鲁克和拉塞尔，2002），因此选择 0.20 mmol/L 作为油桐 ISSR-PCR 反应体系中 dNTP 的最佳浓度；单因子试验中引物最佳浓度为 0.4 μmol/L，正交试验结果中最佳浓度为 0.5 μmol/L，为减少非特异性扩增，加强重复性，本试验将 0.4 μmol/L 作为油桐 ISSR-PCR 反应体系中引物的最佳浓度。

由于所得 Taq 酶与 dNTP 最佳浓度都是试验中浓度范围的最低值，为确保结果的可靠，又以低于上述浓度重新设定，分别将 Taq 酶、dNTP 在 0.4，0.6，0.8，1.0 U/（20 μL）和 0.14，0.16，0.18，0.20 mmol/L 浓度范围内做进一步的验证。由图 3-7 看出，Taq、dNTP 仍然在浓度分别为 1.0 U/（20 μL）和 0.20 mmol/L时扩增效果最好，与上述结果一致。

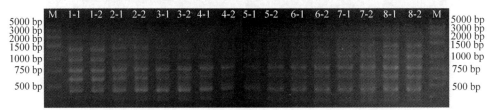

**图 3-7　不同 dNTP 和 Taq 酶用量的 ISSR-PCR 电泳结果**

1-1、1-2、2-1、2-2、3-1、3-2、4-1、4-2：dNTP 浓度分别为 0.20、0.18、0.16、0.14 mmol/L；

5-1、5-2、6-1、6-2、7-1、7-2、8-1、8-2：Taq 酶浓度分别为 0.4、0.6、0.8、1.0 U/（20 μL）；

1-1、1-2、2-1、2-2、3-1、3-2、4-1、4-2：dNTP 的浓度分别为 0.20、0.18、0.16、0.14 mmol/L；

5-1、5-2、6-1、6-2、7-1、7-2、8-1、8-2：Taq 酶浓度分别为 0.4、0.6、0.8、1.0 U/（20 μL）；

M. 5000bp 标准分子量 DNA。

4. 油桐 ISSR-PCR 反应体系的建立

综合分析试验结果，确定油桐 ISSR-PCR 反应的最佳反应体系为：Taq DNA 聚合酶 1.0 U/（20 μL），$Mg^{2+}$ 2.0 mmol/L，dNTP 0.20 mmol/L，引物 0.4 μmol/L，1×PCR 缓冲液，40 ng 模板 DNA。用其对 16 个油桐品种模板 DNA 进行扩增，取得了较好的效果（图 3-8）。

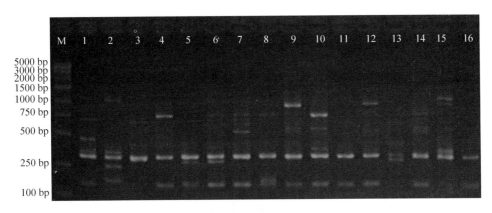

**图 3-8　16 个油桐品种的 ISSR-PCR 最佳反应体系扩增结果**

1～16：样品号 1～16；M：5000bp 标准分子量 DNA。

## 三、油桐品种资源的遗传多样性研究

### 1. ISSR 引物的多态性

利用 12 个 ISSR 引物（表 3-4）对 64 个油桐品种的 DNA 样品进行了 ISSR 分析，共扩增出 110 个条带，分子量在 100～2000 bp 之间，平均每个引物 9.17 个条带，其中 90 条（81.82%）具有多态性。这也证明了 ISSR 能检测较多的遗传位点，能获得较好的 PCR 结果。图 3-9 为 848 引物对 64 个油桐品种的 ISSR 扩增图谱。

**表 3-4　本研究所采用的 12 个引物及退火温度、扩增结果**

| 序号 | 序列 | 退火温度(℃) | 扩增总条带数 | 多态性条带数 |
|---|---|---|---|---|
| 808 | $(AG)_8C$ | 57.0 | 8 | 4 |
| 810 | $(GA)_8T$ | 51.0 | 8 | 5 |
| 811 | $(GA)_8C$ | 57.5 | 11 | 6 |
| 823 | $(TC)_8C$ | 56.5 | 7 | 5 |
| 834 | $(AG)_8YT$ | 57.0 | 10 | 8 |
| 835 | $(AG)_8YC$ | 56.0 | 6 | 5 |
| 844 | $(CT)_8RC$ | 59.0 | 9 | 8 |
| 848 | $(CA)_8RG$ | 59.0 | 16 | 16 |
| 868 | $(GAA)_6$ | 47.0 | 7 | 6 |
| 873 | $(GACA)_4$ | 51.5 | 9 | 9 |
| 876 | $(GATA)_4$ | 41.0 | 8 | 8 |
| 881 | $GGGT(GGGGT)_2G$ | 59.0 | 11 | 10 |
| 合计 | | | 110 | 90 |

注：R = 嘌呤，Y = 嘧啶。

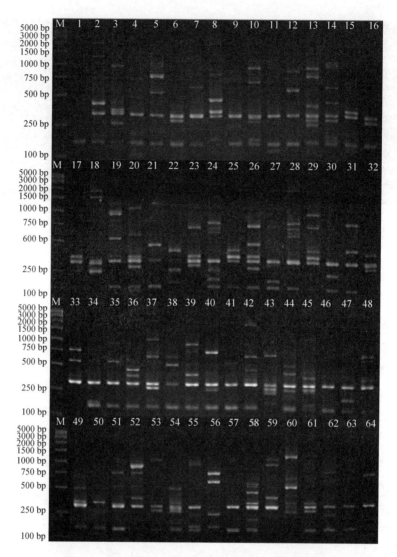

**图 3-9　引物（CA）₈RG 对 64 个油桐品种的扩增图谱**

1~64：品种号 1~64；M：5000 bp 标准分子量 DNA。

2. 遗传多样性与遗传分化

对扩增结果采用 Nei-Li 相似系数（GS）的计算方法，得到供试材料的相似性矩阵。油桐各品种的相似系数在 0.6636~0.8818 之间，平均为 0.8273。从相似系数矩阵可以看出，在 64 份油桐材料中，横路 7 与陈家圩杂 9~18 的遗传相似系数最大，为 0.8818，表明两者亲缘关系最近；来自湖南的湘 72~159 与浙江的长兴(31)-6 遗传相似系数最小（0.6636），即湘 72~159 与长兴(31)-6 亲缘关系最远。64 个品种的平均 Nei's 遗传多样性和 Shannon's 信息指数分别为 0.1770 和

0.2453。基于遗传距离，利用 UPGMA 法对供试材料进行聚类分析(图 3-10)。从聚类图可以把 64 个油桐品种分为 4 类，并能清楚地看出品种间亲缘关系情况。Ⅰ类和Ⅱ类中较杂，分别都有来自各地的品种；Ⅲ类中 14 个来自浙江的品种(占浙江品种总数的 43.75%)，其余还有 5 个来自云南(占云南品种总数的 71.43%)、4 个来自四川(占四川品种总数的 50%)，河南与湖南分别有 1 个品种，为河南股爪青(51 号)和湘 72~213(56 号)；来自江西的 10 个品种全部在Ⅳ类，Ⅳ类还有 14 个浙江品种(占浙江品种总数的 43.75%)，2 个云南(双江 3，5 号品种；云南宜良 1，50 号品种)和 1 个湖南品种(湘 74-1，57 号品种)。由以上可以看出，一般来源相同的品种多聚在一起，但部分品种例外。同时，不同来源的品种也有可能在同一类中。

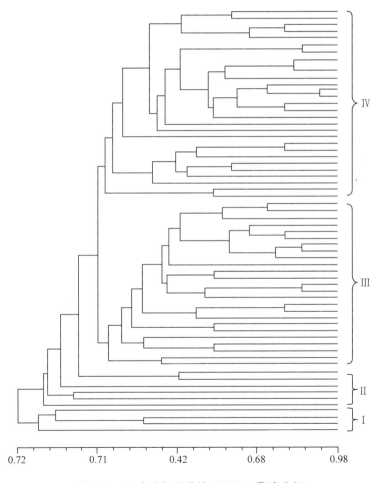

图 3-10　64 个油桐品种的 UPGMA 聚类分析

为进一步检验以上结论，在 NTSYS pc2.10 软件上，基于遗传相似系数，对 64 个品种进行主成分分析，并根据第一、第二主成分进行做图，所形成的各材料的位置分布如图 3-11 所示。位置靠近者表明关系密切，远离者表明亲缘关系较远。将位置靠近的归在一起，结果表明主成分分析结果与聚类分析结果基本一致，更直观地表明了不同品种间的亲缘关系情况。

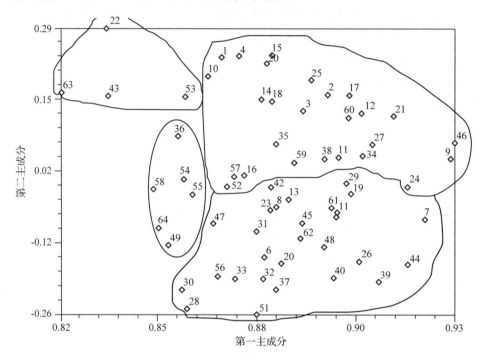

**图 3-11　64 个油桐品种的 PCA 分析**

# 第三节　油桐主要经济性状的评价及其与基因组多态性的相关性研究

　　油桐是一个多年生、主要依靠昆虫进行异花授粉的木本植物，其遗传背景复杂且高度杂合，优良性状不能通过种子繁殖稳定遗传给后代，优良品种不能很好地繁衍；新品种培育难度较大，选育一个良种耗时长，从油桐的优良单株入选到育成一个品种，往往需要十几年甚至更长的时间。所以，在品种选育初期通过早期鉴定和准确选择目标性状对于提高育种效率尤其重要。传统的育种方法主要是基于对表型性状的选择，这种方法对于质量性状来说，一般是有效的。但是，油桐许多重要的农艺性状和经济性状（如产量、含油率、桐酸含量、抗寒性等）多为微小多基因控制的数量性状，传统的选择方法效率不高，因为数量性状的表现型与基因型之间缺乏明确的对应关系。随着现代分子标记技术的发展，利用分子标记与目标性状间的紧密连锁关系对性状进行标记辅助选择（marker-assisted selection，MAS）成为数量性状的研究重点之一（刘鹏渊和朱军，2001）。分子标记不受环境、发育时期、组织、器官等因素的影响，是对目标性状在分子水平上的一种选择，因此选择结果可靠（乔婷婷等，2009）。

利用油桐籽榨取获得的桐油是油桐的主要利用途径，桐油中含有的脂肪酸主要包括软脂酸、硬脂酸、油酸、亚油酸、亚麻酸和桐酸，其中桐酸约占总脂肪酸的 80%，是决定桐油性质的主要物质（方嘉兴和何方，1998）。采用分子标记技术研究油桐不同品种基因组多态性与桐酸含量差异的相关性，对于进一步解答控制桐酸合成的分子遗传机理以及高含量桐酸品种的早期鉴定和选择都有着极其重要的指导意义。

## 一、研究方法

1. 油桐出籽率和出仁率的测定

2007 年 11 月上旬，于浙江省金华市东方红林场采摘 32 个油桐品种供试材料果实（表3-5），每株随机采果 20 个，不足者全采，采回后立即称其鲜重，之后分袋晾干，待果实成分干燥后，分别称其籽重、仁重，计算出籽率（籽重/果重）、出仁率（仁重/籽重）。

表 3-5　30 个不同油桐品种的品种名和来源

| 序号 | 名　称 | 序号 | 名　称 |
|---|---|---|---|
| 0 | 金华地方品种 | 42 | 四川小米桐 |
| 6 | 龙 9-16 | 44 | 四川万龙 2 |
| 7 | 龙 9-15 | 46 | 四川万赶 1 |
| 8 | 龙 9-13 | 47 | 四川万赶 3 |
| 9 | 横路 7 | 48 | 万龙 1 |
| 10 | 横路 15 | 51 | 河南股爪青 79-2-2 |
| 14 | 横路 23 | 52 | 叶里芷 79-1-28 |
| 17 | 横路 14 | 54 | 湘 72-30 |
| 18 | 横路 19 | 55 | 湘 72-159 |
| 19 | 陈家圩 9-24 | 56 | 湘 72-213 |
| 23 | 陈家圩 9-27 | 57 | 湘 74-1 |
| 22 | 陈家圩 9-20 | 58 | 长兴 210-1 |
| 29 | 太顺小米桐 | 59 | 长兴 31-1 |
| 32 | 双江 1 | 62 | 长兴 87-5 |
| 35 | 建蚕 5 号 | 64 | 广西恭城对年桐 |
| 37 | 建蚕 3 号 | 65 | 龙胜对年桐 |

2. 含油率的测定

(1)用直径 12.5 cm 的滤纸折叠成滤纸包，放入铝盒中，105 ℃烘干 2 h，万分之一天平上称重、记录(记为 M1)。

(2)将种仁粉末放入烘干的滤纸包中，按原顺序放入铝盒中，105 ℃烘干 4 h 左右，称重、记录(记为 M2)。

(3)将装有种仁粉末的滤纸包放入索氏抽提器中，加入石油醚，浸泡过夜(10 h 以上)。

(4)将水浴锅温度设定在 45 ℃进行抽提 8 h 左右。

(5)将抽提管中的滤纸包取出，放入原铝盒中，105 ℃烘干 4 h，称重、记录(记为 M3)。

(6)按含油率 = (M2 - M3)/(M2 - M1)进行计算。每个品种重复 3 次。

3. 脂肪酸成分测定

(1)桐油的提取

将油桐种仁干粉放入三角烧瓶内，按 1∶100(w/v)加入石油醚，摇床上放置 3d，50 ℃减压蒸馏至不再有石油醚挥发出，吸取剩余油脂。

(2)桐油快速甲酯化

根据刘家欣等的方法(1998)，做桐油快速甲酯化。

①取 0.4 mL 桐油于 10 mL 容量瓶中，加入 1 mL 石油醚-正己烷(2∶1，v/v)混合溶剂，摇晃使油样全部溶解；

②加入甲醇、1 mol/L KOH 的甲醇溶液各 2mL，快速混匀，室温下放置 10min；

③缓慢加入蒸馏水至容量瓶刻度，静置分层，取上清液用于测定。每个品种重复 3 次。

4. 气相色谱分析

氢火焰离子化检测器来检测脂肪酸甲酯 (Dyer et al. , 2002b)。用甲醇钠的甲醇溶液制备脂肪酸甲酯，十七碳酸甲酯作为内标。脂肪酸甲酯用安捷伦(Agilent) 6890 气相色谱分析，通过与标准品的保留时间比较进行定性，按峰面积归一化法计算各峰面积的相对含量进行定量。色谱条件如下：进样口温度 195℃，检测器温度 195℃，分流比 10∶1，载气流速 20 mL/min。程序升温，柱子起始温度为 150℃，以 5 ℃/min 升至 195 ℃，保持 18min。进样 1 μL。

5. DNA 提取和 ISSR 扩增

根据 Doyle 等(1987)的 CTAB 法，稍做改进，提取油桐基因组 DNA；11 条 ISSR 多态性引物被用来做为基因组多态性分析。

6. 数据分析

用"1"或"0"二元数据来统计 ISSR 标记所扩增出的条带，使用 POPGENE v. 1. 31分别计算 Nei，s 多样性参数、Shannon's 信息指数、遗传相似度和遗传距离 4 个多样性参数。并运用 UPGMA 和 Neis 遗传距离在 NTSYS 软件上做品种间关系树状图。使用 Excel 软件比较 30 个油桐品种脂肪酸各组分含量差异。

## 二、油桐主要经济性状的评价

1. 不同油桐品种的出籽率与出仁率

所测量的 32 个油桐品种中，平均出籽率和出仁率分别为 23. 89%、64. 04%，出籽率、出仁率分别在 16. 47% ~ 35. 61% 和 49. 81% ~ 71. 31% 之间，其中出籽率和出仁率最高的均是四川小米桐(42 号品种)，出籽率最低的为横路 23(14号)，出仁率最低的是陈家圩 9-27(23 号)。

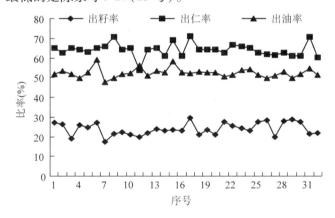

图 3-12　油桐品种间出籽率、出仁率及出油率差异

2. 出油率

32 个油桐品种的出油率在 47. 60% ~ 58. 91% 之间，平均为 52. 35%，最低和最高分别为横路 23(14 号)和横路 15(10 号)。32 个品种在出油率上差异较大。

3. 脂肪酸成分与含量分析

数据分析表明，30 个油桐品种其主要经济性状存在着很大的差异。气相色谱表明，在油桐的种仁中主要存在 5 类脂肪酸成分：棕榈酸(16:0)、硬脂酸(18:0)、油酸(18:1$\Delta^9$ 顺式)、亚油酸(18:2$\Delta^9$ 顺式，12 顺式)和 a-桐酸(18:3$\Delta^9$顺式，11 反式，13 反式)(表 3-6)。在这些脂肪酸中，a-桐酸的含量达到最高(68. 115% ~ 78. 584%)，平均含量为 74. 27%；亚油酸和油酸的含量相对较低，分别为 8. 741% ~ 11. 685% 和 7. 123% ~ 13. 504%，平均分别为 10. 06% 和9. 63%，三种主要的脂肪酸成分含量(桐酸、亚油酸和油酸)见图 3-13 及表 3-6；

含量最低的是棕榈酸和硬脂酸，分别为 2.422% ~ 3.487 %，2.075% ~ 3.467 %，平均分别为 2.85% 和 2.72% 。此外，在少数的油桐品种种仁中我们还发现另外一种脂肪酸成分—顺-11-二十碳烯酸（20:1$\Delta^{11}$cis），这种脂肪酸成分通常在发育的油桐种子中能够发现。那些多不饱和脂肪酸含量较高的油桐品种中，通常其饱和脂肪酸和单不饱和脂肪酸含量较低。

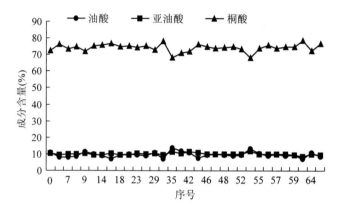

图 3-13　油桐品种间 3 种主要脂肪酸含量差异

表 3-6　桐油中各种脂肪酸含量的相对含量　　　　　　　　　（%）

| 品种号 | 棕榈酸 | 硬脂酸 | 油酸 | 亚油酸 | 顺-11-二十碳烯酸 | 桐酸 |
|---|---|---|---|---|---|---|
| 1 | 2.89 | 3.17 | 11.03 | 10.10 | 0.33 | 72.48 |
| 2 | 3.04 | 2.30 | 8.21 | 10.01 | – | 73.51 |
| 3 | 2.78 | 2.87 | 8.51 | 10.15 | 0.79 | 74.91 |
| 4 | 2.97 | 2.80 | 9.74 | 9.94 | 0.42 | 74.13 |
| 5 | 2.67 | 2.08 | 10.05 | 9.68 | 0.34 | 75.19 |
| 6 | 2.80 | 2.66 | 9.08 | 9.49 | 0.26 | 75.71 |
| 7 | 2.74 | 2.69 | 9.22 | 9.82 | 0.41 | 75.12 |
| 8 | 2.80 | 2.97 | 9.50 | 9.56 | 0.39 | 74.78 |
| 9 | 2.70 | 2.56 | 9.93 | 9.37 | 0.34 | 75.11 |
| 10 | 2.88 | 3.11 | 13.5 | 11.41 | 0.74 | 68.31 |
| 11 | 2.45 | 2.61 | 7.31 | 10.25 | 0.44 | 76.93 |
| 12 | 3.24 | 2.52 | 9.39 | 10.57 | – | 74.28 |
| 13 | 3.03 | 2.61 | 8.87 | 9.71 | 0.84 | 74.94 |
| 14 | 2.72 | 3.09 | 8.07 | 9.50 | 0.45 | 76.13 |
| 15 | 3.80 | 2.84 | 11.92 | 10.61 | 0.38 | 71.16 |
| 16 | 2.99 | 2.82 | 9.49 | 9.77 | 0.44 | 74.48 |
| 17 | 2.67 | 2.44 | 10.91 | 10.50 | 0.29 | 73.18 |
| 18 | 2.63 | 2.51 | 9.36 | 10.11 | 0.40 | 74.92 |
| 19 | 2.91 | 2.74 | 9.84 | 10.06 | 0.64 | 73.82 |
| 20 | 3.06 | 2.96 | 11.37 | 10.52 | – | 72.10 |
| 21 | 2.77 | 2.75 | 9.24 | 9.94 | 0.30 | 75.00 |

（续）

| 品种号 | 棕榈酸 | 硬脂酸 | 油酸 | 亚油酸 | 顺-11-二十碳烯酸 | 桐酸 |
|--------|--------|--------|------|--------|------------------|------|
| 22 | 3.01 | 3.24 | 9.46 | 9.82 | 0.83 | 73.63 |
| 23 | 3.49 | 3.47 | 13.03 | 11.66 | 0.25 | 68.12 |
| 24 | 2.94 | 2.60 | 10.31 | 9.85 | 0.56 | 73.74 |
| 25 | 2.97 | 2.79 | 10.95 | 11.31 | － | 71.99 |
| 26 | 2.61 | 2.70 | 7.56 | 10.71 | － | 76.41 |
| 27 | 2.62 | 2.33 | 7.12 | 9.50 | 0.34 | 78.08 |
| 28 | 2.87 | 2.70 | 9.50 | 9.67 | 0.48 | 74.78 |
| 29 | 2.66 | 2.31 | 7.29 | 8.74 | 0.42 | 78.58 |
| 30 | 2.42 | 2.42 | 9.22 | 9.73 | 0.33 | 75.89 |
| 平均值 | 2.87 | 2.72 | 9.63 | 10.07 | 0.46 | 74.25 |

## 三、油桐桐酸含量与基因组多态性的相关性分析

1. 30 个油桐品种间的遗传多样性

筛选出的 12 条 ISSR 引物（表 3-7）分别对 30 个油桐品种的基因组进行扩增，共产生 109 条条带，其中 87 条为多态性条带，多态性比率为 79.82%（图 3-14），平均每条引物产生 9.08 条。遗传相似系数为 0.6257 ~ 0.8113 之间，平均为 0.7821。Nei's 遗传多样性均值和 Shannon's 指数分别为 0.2192 和 0.3424。基于不同品种间的遗传距离，30 个油桐品种共分为 3 类（图 3-15）。

**表 3-7　筛选出用于遗传多样性扩增的 12 条引物**

| 引物名 | 引物序列(5′→3′) | GC 含量(%) | Tm（℃） |
|--------|----------------|-----------|---------|
| UBC808 | AGA GAG AGA GAG AGA GC | 52.94 | 57.0 |
| UBC810 | GAG AGA GAG AGA GAG AT | 47.06 | 51.0 |
| UBC811 | GAG AGA GAG AGA GAG AC | 52.94 | 57.5 |
| UBC823 | TCT CTC TCT CTC TCT CC | 52.94 | 56.5 |
| UBC834 | AGA GAG AGA GAG AGA GYT | 44.44 | 57.0 |
| UBC835 | AGA GAG AGA GAG AGA GYC | 50.00 | 56.0 |
| UBC844 | CTC TCT CTC TCT CTC TRC | 50.00 | 59.0 |
| UBC848 | CAC ACA CAC ACA CAC ARG | 50.00 | 59.0 |
| UBC868 | GAA GAA GAA GAA GAA GAA | 33.33 | 47.0 |
| UBC873 | GAC AGA CAG ACA GAC A | 50.00 | 51.5 |
| UBC876 | GAT AGA TAG ATA GAT A | 25.00 | 41.0 |
| UBC881 | GGG TGG GGT GGG GTG | 73.33 | 59.0 |

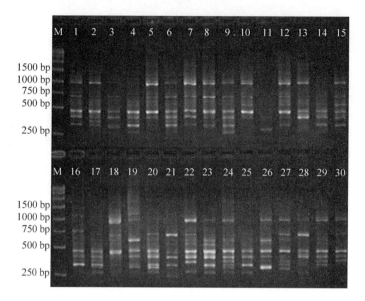

**图 3-14** 引物 UBC873 对 30 个油桐品种的指纹图谱

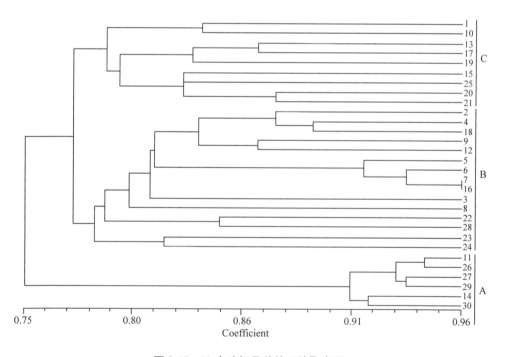

**图 3-15** 30 个油桐品种的系统聚类图

2. 不同油桐品种基因组差异与桐酸含量差异的相关性

结合聚类分析的结果以及各品种桐酸含量差异分析得知，A、B、C 三类品种的桐酸含量依次呈降低趋势(图 3-16)。在 A 类的品种中，桐酸含量的变化幅度为 75.89%(恭城对年，30 号) – 78.58%(长兴 187-5，29 号)；B 类中，横路 23(6 号)的桐酸含量最高，为 75.71%，湖南 72-159(24 号)的含量最低，为 73.74%；C 类品种中，几乎所有品种的桐酸含量都较低，唯独河南股爪青(21 号)是个例外，它的桐酸含量与 B 类品种的中间水平较为接近。

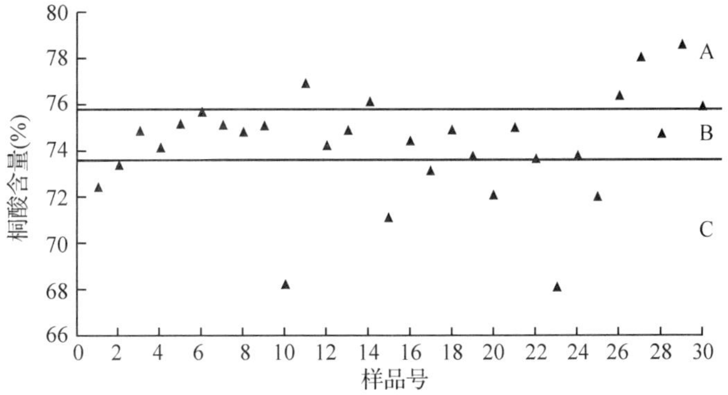


**图 3-16　30 个油桐品种桐酸含量在 A、B、C 三组中的分布**

本章以正交设计和单因子因素设计优化油桐 ISSR-PCR 反应体系，建立了油桐 ISSR-PCR 反应的最佳反应体系(20μL)：Taq DNA 聚合酶 1.0 U/(20 μL)，$Mg^{2+}$ 2.0 mmol/L，dNTP 0.20 mmol/L，引物 0.4 μmol/L，1 × PCR 缓冲液，40ng 模板 DNA，并利用该体系分别分析了 64 个不同油桐品种的遗传多样性水平以及 30 个油桐品种基因组信息上的差异与其重要经济性状桐酸含量之间的相关性。

本章研究表明，ISSR 分子标记技术作为一种新的研究手段，能够在油桐基因组中产生较高的多态性位点，可进一步为油桐品种种质资源材料的分类、鉴定、保存以及重要经济性状的分子标记辅助选择育种提供一定的参考。

**参考文献**

杜荣骞. 生物统计学(第二版)[M]. 北京：高等教育出版社，2003.
方嘉兴，何方. 中国油桐[M]. 北京：中国林业出版社，1998.
葛颂. 酶电泳资料和系统与进化植物学研究综述[J]. 武汉植物学研究，1994，12(1)：71 – 84.
龚榜初，蔡金标. 油桐育种研究进展[J]. 经济林研究，1996，14(1)：51 – 53.
何方，谭晓风，王承南. 中国油桐栽培区划[J]. 经济林研究，1987，5(1)：1 – 9.
胡芳名，谭晓风，刘惠名，等. 经济林栽培与育种[M]. 北京：中国林业出版社，2006.
林万明，杨瑞馥，黄尚志，等. PCR 技术操作和应用指南[M]. 北京：人民军医出版社，1993.

刘家欣，朱苗力，黄诚，等．湘西桐油中脂肪酸的气相色谱-质谱法分析[J]．化学世界，1998，9：493－494.

刘鹏渊，朱军．标记辅助选择改良数量性状的研究进展[J]．遗传，2001，23(4)：375－380.

欧阳准，余义彪，柯玉铸，等．营建油桐种质资源基因库的研究[J]．福建林业科技，1991，(1)：7－13.

乔婷婷，姚明哲，周炎花，等．植物关联分析的研究进展及其在茶树分子标记辅助育种上的应用前景[J]．中国农学通报，2009，25(6)：165－170.

萨姆布鲁克J，拉塞尔 D W．分子克隆实验指南(第三版)[M]．黄培堂等译．北京：科学出版社，2005.

施立明．遗传多样性及其保存[J]．生物科学信息，1990，(2)：158－164.

谭晓风．油桐的生产现状及其发展建议[J]．经济林研究，2006，24(3)：62－64.

吴开云，费学谦，姚小华．油桐 DNA 快速提取以及 RAPD 扩增初步研究[J]．经济林研究，1998，16(3)：28－30.

续九如，黄智慧．林业试验设计[M]．北京：中国林业出版社，1998.

张玲玲，彭俊华．油桐资源价值及其开发利用前景[J]．经济林研究，2011，29(2)：130－136.

邹喻苹，葛颂，王晓东．系统与进化植物学中的分子标记[M]．北京：科学出版社，2001.

Merrell D J．黄瑞复等译．生态遗传学[M]．北京：科学出版社，1991.

Stebbins G I．复旦大学遗传学研究所译，1963，植物的变异和进化[M]．上海：上海科学技术出版社，1950.

Abbott R J，M F Gomes．Population genetic structure and outcrossing rate of *Arabidopsis thaliana* ( *L* ) [J]．*Heynh Heredity*，1989，62：411－418.

Bornet B，Branchard D．Nonanchorecl inter simple sequence repeat ( ISSR ) makers reproducible and specific tools for genome fingerprinting [ J ]．*Plant Molecular Biology Reporter*，2001，19：209－215.

Christie WW，Connor K，Noble RC．Preparative separation of milk fatty acid derivatives by high-performance liquid chromatography[J]．*J. Chromatogr*，1984，298：513－515.

Doyle J J，Doyle J L．A rapid DNA isolation procedure for small quantities of fresh leaf tissue[J]．*Phytochemical Bulletin*，1987，19：11－15.

EscondonA S，Zelener N，de laTorre M P，et al．Molecular identification of new varieties of Nierembergia linariaefolia(Gmhm)，a native Argentinean ornamental plant[J]．*J. Appl. Genet.*，2007，48(2)：115－123.

Hamrick J L，Loveless M D．The genetic structure of tropical tree populations：Associations with reproductive biology．In：Bock JH，Linhart YB ( eds ) Plant evolutionary ecology[ M ]．Westview Press，Boulder Colo，1989，131－146.

Hubby J L，Lewontin R C．A molecular approach to the study of genic heterozygosity in natural Populations I The number of alleles at different loci in Drocophila pseudoobscura[J]．*Genetics*，1966，

54: 577 – 594.

Luan S, Chiang T Y, Gong X. High genetic diversity Vs . low genetic differentiation in Nouelia insigne( Asteraceae) , a narrowly distributed and endemic species in China, revealed by ISSR fingerprinting[ J ]. *Annals of Botany*, 2006, 98: 583 – 589.

Mowry H. Variation in the Tung-Oil Tree[ M ]. Florida Agr. Exp. St. Techn. Bul, 1932, 247: 1 – 32.

Ratnaparkhe M B, Santra D K, Tulh A, et al. Inheritance of inter-simple seqnence-repeat polymorphisms and linkage with a fusarium, wilt resistance gene in chickpea[ J ]. *Theor Appl Genet*, 1998, 96: 348 – 353.

Sankar A A, Moore G A. Evaluation of inter-simple sequence repeat analysis for mapping in Citrus and extension of the genetic linkage map [ J ]. *Theoretical and Applied Genetics*, 2001, 102: 206 – 214.

Soxhlet F. Die gewichtsanalytische Bestimmung des Milchfettes[ J ]. *Dingler's Polytechnisches Journal*. 1879, 232: 461 – 465.

# 第四章 油桐组织培养与遗传转化

植物组织培养(plant tissue culture)是指在无菌条件下，将分离出的植物体的一部分包括细胞(体细胞和生殖细胞)、组织(形成层、花药组织、胚乳、皮层等)、器官(根、茎、叶、花、果实、种子等)等外植体在人工配制的培养基上进行培养，利用植物细胞全能性，使其分化出器官并长成完整植株的方法。组织培养技术不但可以对植物材料进行大规模离体快速繁殖，建立高效繁育体系，也是对植物种质资源离体保存的最佳方法。植物的遗传转化是指利用重组 DNA 技术和植物细胞组织培养技术，将外源基因导入植物细胞以获得人类所需的转基因植株。植物经转基因后获得形态、生长正常的转化植株，称为"转基因植物"。随着分子生物学技术的发展，通过转基因技术获得转基因型新品种，是植物育种的新途径。

本章主要综述我国大戟科植物的组培研究进展以及遗传转化研究现状，并着重介绍油桐的组培技术以及油桐遗传转化中存在的问题，旨在为今后建立大戟科植物高效稳定的再生体系和遗传转化体系提供借鉴。

## 第一节 大戟科植物组织培养研究进展

大戟科(Euphorbiaceae)属于双子叶植物，包括 322 属 8910 种，广布于全球，主产于热带和亚热带地区。我国已有的以及引入栽培的种属共有 75 属约 406 种(Li et al. , 2008)。目前，研究者通过组织培养技术，对大戟科植物进行了大量的研究工作，已取得了极大进展。下面就麻疯树、蓖麻、橡胶树等油料植物的组织培养进行综述。

### 一、麻疯树的组织培养

#### 1. 外植体的选择

根据植物细胞全能性，任何植物组织、器官均可作为外植体再生出整个植株。但是植物种类、外植体种类与生理状态不同，对外界诱导反应的能力以及分化、再生能力也不同。选择适宜的外植体需要从植物基因型、外植体种类、外植体的大小、取材季节及外植体的生理状态和发育年龄等方面加以考虑（刘庆昌和吴国良，2003）。麻疯树组织培养研究中，已经利用的外植体种类较多，包括叶片、子叶、下胚轴、叶柄、茎段及子叶柄、胚轴、上胚轴、腋芽和茎节等。从外植体的来源看，麻疯树的种子容易获得和保存，且消毒较方便，可以播种得到无菌苗获得大量整齐的外植体，如子叶、子叶柄和胚轴等。利用上胚轴和下胚轴作为外植体，能够先诱导愈伤组织后诱导分化出芽，同时可以直接从表面直接诱导分化产生不定芽，后者比先形成愈伤组织的方式要节省时间（Wei et al.，2004）。而从植株上获得的外植体如叶片、茎段和腋芽等，难以保证材料整齐一致，且消毒较为困难，容易导致外植体死亡和污染，增加工作量与难度（水庆艳 等，2010）。

麻疯树组织培养中，主要利用的外植体是叶片、子叶、胚轴、叶柄、茎段等。陆伟达等人（2003）利用叶片、下胚轴和叶柄作为外植体在同一培养基中诱导愈伤组织实验发现，这3种外植体对诱导率影响没有很大的差别，培养基的不同会对诱导率产生明显的影响。这3种不同外植体的愈伤组织出芽率在相同激素浓度下有较大区别，原因可能是不同器官含有的快速分化细胞的遗传因子不同，这和不同器官的再生潜力是有密切关系的（表4-1）。将麻疯树子叶、子叶柄、下胚轴分别接种于含不同浓度6-BA和不同浓度IBA正交组合的MS培养基中，发现不同外植体的分化能力不同，其中子叶分化能力最强，并且幼芽翠绿、健壮，质量较好。其次为子叶柄，下胚轴的分化能力最弱，易褐化死亡，但由于麻疯树幼苗下胚轴较长，每棵芽苗可获得多段下胚轴切段，因此在组培中的作用仍不能忽视（胡远和赵德刚，2008）。但是，目前已有报道利用温室中1年生麻疯树顶端幼嫩叶片为外植体，建立了以麻疯树叶盘为外植体的高效的间接再生体系（刘伯斌等，2010）

表4-1 麻疯树不同外植体愈伤组织的诱导率及出芽诱导率（陆伟达等，2003）

| 激素（mg/L） | | 愈伤组织诱导率（%） | | | 出芽诱导率（%） | | |
|---|---|---|---|---|---|---|---|
| BA | IBA | 下胚轴 | 叶柄 | 叶片 | 下胚轴 | 叶柄 | 叶片 |
| 0.1 | 0.1 | 14 | 8 | 10 | 36 | 50 | 0 |
| 0.1 | 0.5 | 68 | 60 | 65 | 16 | 10 | 0 |
| 0.1 | 1 | 88 | 85 | 85 | 8 | 0 | 0 |
| 0.5 | 0.1 | 16 | 12 | 13 | 44 | 0 | 0 |
| 0.5 | 0.5 | 72 | 60 | 66 | 18 | 0 | 42 |
| 0.5 | 1 | 92 | 88 | 95 | 10 | 0 | 56 |
| 1 | 0.1 | 16 | 12 | 15 | 28 | 0 | 0 |
| 1 | 0.5 | 82 | 70 | 80 | 20 | 0 | 34 |
| 1 | 1 | 92 | 93 | 90 | 12 | 0 | 28 |

### 2. 腋芽再生

植物腋芽再生是快繁中一种重要的离体繁殖方法。腋芽增殖产生的枝条是由原本存在的营养分生组织发育而来，能保持母株无性系的基因型与表现型。很多科研人员对麻疯树的腋芽再生进行了研究（表4-2）。李化等人（2006）针对影响麻疯树促腋芽分枝的培养条件开展研究，发现 BA 和 IBA 的搭配比较适合于麻疯树的腋芽诱导，胚芽切口处都会形成一团绿色的愈伤组织，而后胚芽上部开始发育，在叶腋处长出腋芽。采用培养基 MS + BA 2mg/L + IBA 0.01mg/L，腋芽诱导率最高，平均诱导芽数达 5.3；随着 BA 的浓度增加，腋芽诱导数也大量增加，并且通过附加 5mg/L AgNO₃ 能够减少畸形苗的产生，防止褐化，有利于芽的形成，外植体平均腋芽诱导数可达 8.35。但是腋芽分化越多，变异量也越多。为了减少不良变异，陈金洪等（2006）取树龄 4 年以上的麻疯树当年长出的幼嫩枝条为实验材料，接种到附加不同激素配比的 MS 培养基上。实验结果表明，使用 6-BA 和 IBA 组合对芽的增殖效应作了研究，6-BA2.5mg/L 和 IBA0.1～0.5mg/L 的组合效果最好，出芽率高达 47.6%～47.8%，同时形成出芽的数量也较多，其次为 6-BA1.5mg/L 和 IBA0.1～1.0mg/L 组合，出芽率达 32.0%～40.0%，也可诱导并生成芽，但比例较低，且多为单生芽。

**表4-2　腋芽再生方式比较**

| 激素、添加剂 | 再生方式 | 平均诱导数（率） | 参考文献 |
| --- | --- | --- | --- |
| BA，IBA，AgNO₃ | BA 促进腋芽再生，AgNO₃ 减少畸形苗 | 8.35 | 李化 等，2006 |
| BA，IBA | 两种激素的共同效应 | 47.6%～47.8% | 陈金洪 等，2006 |
| BAP，Kn，IAA | 低浓度的 IAA，KT 和稍高浓度的 BA 产生最佳结果，而高浓度的 IAA 抑制形态发生 | 30～40 | Kalimuthu et al.，2007 |
| BA、IBA、腺嘌呤硫酸盐、谷氨酸盐、L-精氨酸、柠檬酸盐 | 激素与添加剂的相互促进作用 | 平均诱导数为 10，继代三次后高达 100 | Shrivastava and Banerjee，2008 |

此外，有学者报道通过调整培养基的组合提高腋芽的分化数。比如，在培养基 MS + 1.5 mg/L BAP + 0.5 mg/L Kn + 0.1 mg/L IAA 中，30～40 天内外植体平均腋芽诱导数可达 30～40（Kalimuthu et al.，2007）；在培养基 MS + 3.0 mg/L BA + 1.0 mg/L IBA + 25 mg/L 腺嘌呤硫酸盐 + 50 mg/L 谷氨酸盐 + 15 mg/L L-精氨酸 + 25mg/L 柠檬酸盐中外植体平均腋芽诱导数可达 10，继代三次后平均诱导数可高达 100（Shrivastava 和 Banerjee，2008）。以上这些研究都为麻疯树的优良品种保存，推广及改良奠定了良好的基础。

### 3. 子叶、胚轴再生

在组织培养植株再生中，使用子叶或胚轴作为外植体诱导不定芽比较容易，麻疯树亦是如此。林娟等（2002）利用子叶作为外植体脱分化诱导愈伤组织，然后继续培养30天左右诱导出不定芽，诱导率为47.1%，能成功进行生根培养。在下胚轴靠近表皮处直接分化出芽，芽的分化频率较低，只有21%。Wei 等（2004）研究表明，以麻疯树上胚轴为实验材料在 MS 添加的激素组合为 0.1mg/L IBA 与 0.2～0.7mg/L BA，不定芽从上胚轴外植体的表面直接被诱导分化，其中以在 MS + IBA 0.1mg/L + BA 0.5mg/L 上的诱导率最高，可以达到38%左右，30天内的平均高度可以达到2.5cm。生长健壮的不定芽在 MS 基本培养基上生根，频率可以达到80%。发育良好的再生苗可成功地转移到温室栽培而没有可见的变异。秦虹等（2006）经过试验发现，利用子叶与下胚轴为外植体诱导芽采用 6-BA 和 IBA 配比的培养基存在愈伤组织形成缓慢、愈伤组织小、分化率低等问题。使用 6-BA 和 NAA 配比的培养基，则愈伤组织形成的速率较快，愈伤组织较大，并且分化率也相应地提高。其中以 MS + 6-BA 5.0mg/L + NAA l.0mg/L 培养基，诱导形成愈伤组织快，MS + 6-BA 5.0mg/L + NAA0.1 mg/L 培养基上可以有较好地诱导出不定芽，分化率高达80%。但是脱分化所需要的时间较长，所用激素浓度偏高，容易导致变异，对后期生根也不利。最近 Li 等（2008）以麻疯树的子叶为外植体，首先诱导出愈伤组织，然后通过添加赤霉素（$GA_3$），使不定芽的诱导频率达到了94%，并且发现，添加了赤霉素（$GA_3$）后，愈伤组织就开始分化出大量的不定芽（图4-1）。虽然通过子叶和上胚轴能成功诱导不定芽，并且能达到基因转化的目的，但是不适合对优良无性系进行基因工程改造。

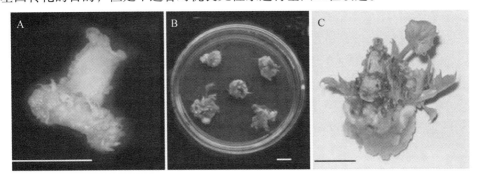

**图4-1　麻疯树子叶再生**（Li et al.，2008）

A. 子叶直接诱导不定芽；B. 不定芽分化；C. 从伤口处长出不定芽。

（注：图中短线代表长度为1cm。）

### 4. 叶片再生

使用叶片作为外植体能保证实验材料的遗传稳定性与优良无性系的遗传背

景，并且能有充足的外植体供应，是理想的遗传转化材料。采用叶片为外植体诱导不定芽一般存在两种途径：间接器官再生系统与直接分化再生系统。在麻疯树叶片再生途径中这两种途径都可诱导出不定芽(表4-3)。

间接器官再生系统即先诱导出愈伤组织，然后再诱导出不定芽。间接器官再生途径作为基因转化系统具有其优点：首先是外植体细胞经历了脱分化过程，使已分化的细胞均回复到脱分化的分生细胞水平，具有易于接受外源基因的能力，因此转化率较高；其次是扩繁量大，可获得较多的转化植株；但是该再生体系获得的再生植株无性系变异较大。

对于麻疯树的叶片间接器官再生系统已取得了一定的研究进展。陆伟达等(2003)通过在 MS 固体培养基中添加不同浓度的 BA 和 IBA，在光照的条件下首先从叶片中诱导出愈伤组织，然后在同样的培养条件和培养基中经过4周诱导出不定芽，最佳激素组合为 Ms + BA 0.5mg/L + IBA 1mg/L，不定芽再生频率为56%。在后来的研究中以叶片为外植体，得到了最佳再生体系。在这一体系中激素的种类与浓度是决定因素。首先将外植体接入添加不同浓度的激动素的培养基上培养，MS + KT 2mg/L 培养基最佳，4周可得到胚性愈伤组织，诱导率达56%。在随后的培养基中添加生长素 IBA，最优培养基为 MS + KT 0.5mg/L + IBA 0.2mg/L，4周得到球形胚状体，诱导率80%，再培养两周转入成熟培养基。胚性细胞发育为完整植株是关键一步，在这个过程中，作者认为硫酸盐腺嘌呤起重要作用，添加了不同浓度的硫酸盐腺嘌呤，最佳成熟培养基 MS + KT 0.5 mg/L + IBA 0.2 mg/L + AS 5.0 mg/L(Timir et al.，2007)。

除此之外，刘伯斌等人(2010)以温室中1年生麻疯树顶端幼嫩叶片为外植体，研究了在 MS 基本培养基中添加不同浓度的 6-BA 和 IBA 对不定芽再生的影响，并采用60天暗培养的方法筛选出愈伤组织诱导和不定芽诱导的最佳激素组合为 Ms + 5 mg/L 6-BA + 0.5 mg/L IBA，该组合的不定芽诱导率高达75.8%。将该组合诱导出的愈伤组织接种至 Ms + 6-BA 1.5 mg/L + IBA 0.05 mg/L 的固体培养基中，研究了赤霉素对不定芽再生的影响，最佳赤霉素浓度为 0.05 mg/L，麻疯树叶盘再生率达到90.9%，平均不定芽个数达到4.6个。

表4-3  叶片再生方式比较

| 激素、添加剂 | 再生方式 | 平均诱导率 | 参考文献 |
| --- | --- | --- | --- |
| BA，IBA | 首先从叶片诱导出愈伤组织，然后再诱导出不定芽 | 56% | 陆伟达等，2003 |
| TDZ，BA，IBA | 通过添加 TDZ 来抑制愈伤组织的产生，直接从叶片上诱导出不定芽 | 53.5% | Deore et al.，2006 |

（续）

| 激素、添加剂 | 再生方式 | 平均诱导率 | 参考文献 |
|---|---|---|---|
| KT，IBA，腺嘌呤硫酸盐 | 使用幼嫩的叶片诱导出胚性愈伤组织，再按照体胚发生途径诱导出植株 | 56% | Timir et al.，2007 |
| BA，IBA，GA$_3$ | 使用以温室中1年生麻疯树顶端幼嫩叶片先诱导愈伤组织，然后在添加GA$_3$的培养基上诱导出不定芽，或者叶盘直接再生不定芽 | 90.9% | 刘伯斌等，2010 |
| BA，IBA，TDZ，GA3 | 两条途径：①以无菌苗叶片为外植体诱导愈伤组织，再诱导愈伤组织分化不定芽；②以无菌苗叶片为外植体直接进行不定芽的诱导 | ①途径不定芽的分化率达55.6%②途径不定芽的分化率达41.8% | 水庆艳，2010 |

以15天苗龄的无菌苗叶片为外植体也建立了再生体系（水庆艳，2010）。在这条途径中，先从叶片诱导愈伤组织，再诱导愈伤组织分化不定芽。IBA对叶片诱导愈伤组织起主导作用，MS + 6-BA 0.4 mg/L + IBA 0.5 mg/L + TDZ 0.1 mg/L最有利于麻疯树叶片愈伤组织的诱导，诱导率为77.8%，该培养基上诱导的愈伤组织在进行不定芽的分化时间短，分化率高；在愈伤组织诱导过程中，褐化现象较为严重，在培养基中添加0.1 g/L活性炭可有效降低褐化率，且不会影响愈伤组织的诱导；6-BA对愈伤组织进行不定芽的诱导起主要作用，6-BA浓度越高，分化率越高，但6-BA浓度达到1.2 mg/L时诱导出的不定芽形态多畸形，培养基MS + 6-BA 0.8 mg/L + IBA 0.1mg/L最有利于愈伤组织不定芽的分化，分化率较高达到55.6%，且芽苗形态正常。

除了通过采用间接器官再生途径之外，还可以直接从叶片诱导出不定芽，即直接分化再生系统。直接分化再生相对于间接再生周期短，操作简单，未经脱分化而能保持遗传稳定性，转化的外源基因也能稳定地遗传。但是外植体细胞直接分化比经过愈伤组织要困难，故转化效率要低，并且由于不定芽常起源于多细胞，故可能产生嵌合体。Deore 等（2006）使用TDZ诱导实现了叶盘直接诱导出不定芽，最佳激素组合为MS + TDZ 0.5mg/L + BA 0.5mg/L + IBA 0.1mg/L，诱导频率为53.5%，并且在实验中发现TDZ能够抑制愈伤组织的生长，促进不定芽的分化（图4-2）。刘伯斌（2009）以温室中1年生麻疯树叶片为材料，采用正交实验的方法得出不定芽再生的最佳激素组合为MS + TDZ 1mg/L + IBA 0.5 mg/L + BA 1.5 mg/L；并研究了不定芽再生的硝普钠（SNP）效应，在SNP为2mg/L时能显著增加不定芽再生频率，在进一步培养中经过SNP处理的叶盘的平均不定芽再生个数极显著高于对照；发现了第四片展开叶再生频率最高。综合上述最佳条件，发现经过4周的培养，就可再生出大量不定芽，再生频率可以达到88%。作者经过改进配方与条件，缩短了麻疯树叶盘直接再生时间，提高了麻疯树叶盘直接再生频率。水庆艳(2010)以15d苗龄的无菌苗叶片为外植体直接进行不定芽的诱导，在此试验中，6-BA起主导作用，6-BA浓度越高，分化率越高，MS + 6-BA 1.2mg/L + IBA 0.05mg/L 最有利于叶片直接诱导不定芽，诱导率为35.5%，MS + 6-BA 1.2mg/L + IBA 0.05m/L + GA₃0.4mg/L 最有利于直接分化不定芽，分化率为41.8%。

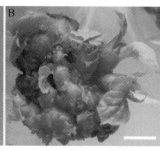

**图 4-2　麻疯树叶盘植株再生**（Deore et al. , 2006）

A，B. 叶盘直接再生出不定芽；C. 不定芽的增殖与伸长。

（注：图中短线代表长度为100mm。）

### 5. 花药与胚乳愈伤组织的诱导

花药培养是把发育到一定阶段的花药(小孢子或花粉)接种到人工培养基上，经过诱导雄核发育，改变雄核正常的配子体发育途径，使其转向孢子体发育途径，而后经过愈伤组织或胚状体方式表达全能性(李胜和李唯，2008)。花药培养已成为作物改良和遗传学及生理、生化研究的重要方法，对于实验胚胎学、生理学及分子生物学中基因调控和表达机理的阐明有重要意义。在育种领域，花药培养育种已与常规杂交育种、远缘杂交育种、诱变育种以及转基因技术相结合，是生物技术在农作物育种中应用最广泛、最有成效的方法之一(王延玲等，2006)。

目前已经开展了对麻疯树花药愈伤组织诱导的研究。任琛等(2006)对花药进行了愈伤组织的研究，对影响花药愈伤组织形成的因素进行了探索。结果表明：花药接种于诱导培养基中1周后花药开始变色，半个月后部分花药开始由浅黄逐渐变为棕褐色，30d左右开始从花药的中部或顶端出现愈伤组织，35~45d出现最多。愈伤组织多呈乳白色或淡黄色，质地结实或松软，生长迅速。在光照条件下继代培养，愈伤组织可迅速转绿。在继代培养过程中，不同的激素种类使愈伤组织形成不同的形态特征。花药发育时期、低温预处理时间、激素搭配和蔗糖浓度对麻疯树花药愈伤组织的诱导都有重要的影响。单核中晚期最适宜诱导，低温预处理以4℃、3~5d为佳，培养基以MS + NAA 2.0mg/L + KT 0.4mg/L + 蔗糖

9%较好。肖科等(2009)以麻疯树花粉处于单核中晚期的花药作为实验材料,探讨了麻疯树花药培养从愈伤组织诱导、愈伤组织分化、壮苗、生根的整个过程。其中愈伤组织诱导的最好培养基为 N6 + 2,4-D 1.0mg/L + KT 0.4mg/L + 蔗糖10%,诱导过程中要进行暗培养,暗培养产生的愈伤组织为乳白色或淡黄色,在培养基中能持续生长,光照培养产生的愈伤组织为绿色,但是不能正常生长,一段时间后很容易褐化。在愈伤组织分化芽的过程中,TDZ 起到了非常明显的效果,在添加 TDZ 的培养基中的愈伤组织形成许多瘤状的愈伤,这种愈伤培养 1 个月左右就会开始大量长出芽,而且很多瘤状愈伤,一个愈伤就会长出几个甚至十个以上的芽。

此外,侯佩等(2006)采用胚乳初步研究了愈伤组织的形成,为麻疯树胚乳植株再生及愈伤组织和细胞培养生产药用成分奠定了基础。经过对麻疯树胚乳愈伤组织诱导研究的结果表明,2.0mg/L 的 2,4-D 效果最好,NAA 的效果次之,IBA 又次之,IAA 的效果最差;TDZ 的添加可促进胚乳愈伤组织的诱导。胚乳组织内的激素平衡影响着胚乳的生长与发育,而生长素、细胞分裂素及赤霉素三者间的协同作用对麻疯树胚乳愈伤组织的诱导尤其重要。

6. 生根诱导

不同植物的生根能力或生根潜能的表达有很大的差异并受遗传控制,所需的生根条件差别也很大。植物生长调节剂的种类和浓度对根系发育的影响也极其重要和显著。麻疯树生根诱导时常用的激素有 IBA、IAA、NAA,不同的研究人员所用激素浓度与方法不同,也有人不使用激素。林娟等(2002)报道用 MS 基本培养基培养 30d 左右即可诱导生根,生根率高达 78.3% 以上,但 Mukul 等(2007)研究结果显示 MS 或者 1/2MS 基本培养基上不能诱导生根,在含有 NAA 与 IAA的培养基中芽基部只长出大量的愈伤组织。在培养基 MS + IBA1.0mg/L 中生根率最高,达到 52%,生根条数与根长度都达到最大。而 Kalimuthu(2007)认为 IBA容易诱导愈伤组织的形成,不适合生根,最佳生根培养基是 MS + IAA1.0 mg/L。又有 Shrivastava 和 Banerjee(2008)报道 1/2MS 培养基中添加 NAA,在基部产生大量愈伤组织没有根系生成,而在 1/2MS 培养基加入 IBA 3.0mg/L 根系生长最好。秦虹等人(2006)认为添加 NAA1mg/L 的 1/2MS 培养基对生根最有利。李化等(2006)也认为 NAA 有利于生根,但他们使用的方法与秦虹不同,他们考虑到生长素主要在根诱导和启动阶段发生作用,在根的伸长阶段并非必要,且有抑制根的生长发育、诱导愈伤等不利影响,因此他们采用 NAA 200mg/L 高浓度生长素瞬时刺激,提高生根率和有效根的数目。刘均利等(2011)以麻疯树优良无性系组培苗为试验材料,研究了基本培养基、蔗糖、活性炭、IBA、NAA、温度及光照等对组培苗生根的影响。结果表明，麻疯树生根的最适基本培养基是 3/4MS + 蔗糖 20g/L + 活性炭 0.05g/L，最佳激素配方是 3/4MS + IBA1.0mg/L + NAA0.2mg/L；最适温度为 25 ~ 30℃；光照为 2000 ~ 3000lx。不同的学者在麻疯树组培苗生根诱导所用的生长素种类及浓度不同，原因可能是他们选用的芽苗的状态、壮苗培养、剪切的位置等存在差异，但目前还没有这方面的研究报道。

## 二、蓖麻的组织培养

### 1. 国内蓖麻组织培养研究现状

国内对蓖麻组织培养的研究起步比较晚，从 20 世纪 80 年代初就遇到重重困难。目前国内研究者对蓖麻组织培养植株再生做了很多研究工作，取得了一些进展。国内对蓖麻组织培养的研究主要集中在外植体、培养基与激素的选择，无菌体系的建立大多数是采用蓖麻种子生长获得的无菌苗，但是植株再生困难（表4-4）。李靖霞等（2008）认为对于像蓖麻这样植株再生比较困难的植物，组织培养的外植体应选择那些包括分生组织在内的组织或器官，分生组织细胞体积小。细胞排列紧密，细胞质浓厚，分裂速度快并具较强的器官分化潜力。选择这样的组织或器官作为外植体，可以较容易地获得再生植株。此外，学者还对花药诱导愈伤组织及单雌系组培快繁技术进行了研究。

表 4-4　国内蓖麻组织培养研究情况　　　　　　单位：mg/L

| 选用的外植体 | 培养基 | 愈伤组织诱导 | 芽分化或增殖 | 生根 | 参考文献 |
|---|---|---|---|---|---|
| 种子生长获得的无菌苗的根、茎、叶 | MS | 2,4-D 1 ~ 2 + BA 0.5 或 KT 0.5 | BA 0.5 + NAA 0.001 + LH 10 + CC 5 | — | 张慧英和韦家川，2001 |
| 3 个品种的成熟种子胚轴 | MS | | 不定芽诱导：BA 0.5 不定芽伸长：GA$_3$ 0.2 | NAA0.2 + AC 0.5% | 张利明等，2009 |
| 成熟种子无菌苗的下胚轴、胚芽、子叶和胚根 | MS | 6-BA 0.5 ~ 1.0 + IAA 0.1 ~ 0.5 | BA 0.4 + IAA 0.01 | NAA 0.2 + AC 500 | 丁兰等，2010 |
| 成熟种子无菌苗的根、茎、叶 | MS | 2,4-D1.0 + 6-BA 0.5 + NAA 0.02 | — | — | 谭德云等，2008 |
| 花药 | MS | 6-BA 1.5 + NAA 0.9 | | | 黄凤兰等，2009 |
| 单性雌株的顶芽、腋芽、带节的茎段 | MS 或改良 MS | — | 6-BA 0.5 ~ 0.8 + IBA 0.01 ~ 0.03 | NAA 0.05 + 适量 AC | 张庆滢等，2001 |

目前，国内蓖麻组织培养的起始材料主要是种子萌发得到的根、茎、叶、胚轴、胚芽与子叶等。张慧英，韦家川（2001）从种子生长获得的无菌苗中选取蓖麻

的根、茎、叶作外植体进行脱分化诱导愈伤组织,诱导率都达到90%以上,但愈伤组织基本上均呈淡褐色,为紧密型愈伤组织,愈伤组织都未能分化出芽。将蓖麻无菌苗的顶芽切下,接种到 MS 基本培养基诱导顶芽增殖,发现在附加 BA 0.5mg/L、NAA 0.001mg/L 水解乳蛋白(LH)10mg/L 和氯化胆碱(CC)5mg/L 的 MS 培养基上,芽的增殖率最高,可达200%,而且长势较好,说明水解乳蛋白和氯化胆碱对丛生芽诱导有促进作用。张利明等(2009)以 3 个蓖麻品种的成熟种子胚轴为外植体,在含 6-BA 0.5mg/L 的 MS 培养基上每个外植体均能诱导出由若干不定芽组成的丛生芽,平均每个外植体可产生6.3个不定芽,健壮的不定芽经伸长、生根而发育成完整的再生植株并能全部移栽成活。而 3 个蓖麻品种在产生不定芽的能力和数量上没有明显差异。

丁兰等(2010)以蓖麻成熟种子无菌苗为外植体,探讨了下胚轴、胚芽、子叶和胚根的脱分化和再分化能力,以及不同种类和浓度激素对芽增殖和生根的影响。研究发现,幼胚外植体极易被诱导产生愈伤组织,在 6-BA 0.5 ~ 1.0 mg/L 和 IAA 0.1 ~ 0.5 mg/L 时,愈伤组织诱导率为56% ~ 100%,长势较好,但是这 4 种外植体诱导的愈伤组织均难以直接形成芽体,降低激素浓度或在无激素培养基上培养,也未见分化出芽体,难以通过该途径获得再生植株。胚芽顶端组织是最好的芽增殖材料,可较快地发育形成新芽,并从新芽基部愈伤组织产生丛生芽,最适芽增殖培养基为 MS + BA 0.4mg/L + IAA 0.01mg/L。NAA 对芽的生根作用效果明显,适宜的生根培养基为 MS + NAA 0.2mg/L + AC 0.5g/L。

谭德云等(2008)以蓖麻成熟种子为材料建立无菌系,研究了不同播种方式、培养基、外植体以及激素配比对愈伤组织诱导的影响。研究结果表明,蓖麻种子剥去种皮建立无菌系时采用以纱布为支持物的培养基上出芽,以 1/2MS 液体培养液浸透,发芽后再转入 MS 固体培养基上壮苗,幼苗长势也均好于其他培养基,且污染率低,可在短期内建立蓖麻组织培养的无菌系。以根、茎、叶为外植体进行愈伤组织的诱导时,茎的愈伤组织诱导率最高,但有部分愈伤组织呈玻璃化,不宜开展下一步的试验。由叶片得到的愈伤组织,颜色淡绿,较紧密,生长正常,适合进行下一步的试验,适宜培养基为 MS + 2,4-D 1.0mg/L + 6-BA 0.5mg/L + NAA 0.02mg/L,愈伤组织诱导率达93%,愈伤生长正常。

此外,国内也开展了蓖麻花药诱导愈伤组织。黄凤兰等(2009)以通蓖 5 号为材料,研究了蓖麻花药诱导愈伤组织的影响因素。分别以接种密度(1/5 个、2/5 个、3/5 个、4/5 个、1 个花蕾)、基本培养基种类(MS、NB、B5、N6)、低温预处理时间(0d、1d、3d、5d、7d、9d)、培养基添加物(糖、生长激素、脯氨酸、水解酪蛋白、抗坏血酸)等因素为变量,对蓖麻花药愈伤组织进行诱导试验。结果表明，愈伤组织的重量随接种密度的增加呈现先增加后下降的变化，当接种密度为 3/5 个花蕾时，产生的愈伤最多。MS 培养基诱导的愈伤组织增殖率最高，为 19.02%，且生长情况较好，为绿色。低温(4℃)预处理 5d 时的增殖率最高，为 19.24%，但随着预处理时间的增加，增殖率呈下降趋势。在 6-BA 浓度为 1.5mg/L，NAA 浓度为 0.9mg/L 时，蓖麻花药培养愈伤组织增殖率最高达到 18.79%。提高 NAA 浓度，可增加蓖麻花药愈伤组织增殖率，而 6-BA 在愈伤组织形成中的作用不明显，甚至高浓度的 6-BA 有抑制作用。

在蓖麻单雌系组培快繁技术方面，也取得一定的成果(张庆滢等，2001)。利用单性雌株的顶芽、腋芽、带节的茎段为外植体，通过起始培养基(1/3MS + 6-BA 0.5 mg/L + IBA 0.01 mg/L)、芽增殖培养基[MS(改良) + 6-BA 0.5 ~ 0.8 mg/L + IBA 0.01 ~ 0.03 mg/L]、生根培养基(1/2MS + NAA 0.05 mg/L + 适量活性炭)，在培养基中添加 3% 蔗糖、0.7% 琼脂、pH 值5.8、培养温度 24 ~ 27℃、光照 12 ~ 14h/d，光照度约为 1500lx 的条件成功的培养出了蓖麻单雌品系(种) D033-l、D034-l 等，并利用该技术对这些品系(种)进行快繁获得了大量苗木。

2. 国外蓖麻组织培养研究现状

国外对蓖麻组织培养的研究比较早，从 20 世纪 80 年代初起至今对蓖麻的组织培养研究一直没有中断过(表4-5)。早期的研究主要集中在胚乳培养，而胚乳是三倍体组织。胚乳培养的再生植株通常既有三倍体细胞，也有二倍体、多倍体、非整倍体或混倍体细胞。La Rue (1944)报道了胚乳培养发生器官，然而随后的研究表明胚乳培养不能产生器官。后来，Satsangi 和 Mohan Ram (1965)第一次成功的建立了蓖麻成熟胚乳的组织培养体系。在 White 培养基中添加 2,4-D，KT，酵母提取物(YE)进一步证实了胚乳组织培养的可行性(Srivastava，1971；Johri，Srivastava，1972)。

在蓖麻中，愈伤组织植株再生仅限于幼苗组织(Athma，Reddy，1983；Sarvesh et al.，1992；Ganesh Kumari et al.，2008(表4-5)，但是幼苗愈伤组织植株再生较困难。此外，Sujatha 和 Reddy(2007)等以具丰富分生组织细胞的芽尖和胚轴为外植体进行了蓖麻离体再生体系研究。实验结果表明：胚轴及其附近组织在培养基上迅速膨大，这些分生组织细胞分裂速度非常快。随后在无任何愈伤组织形成的情况下膨大的胚轴上直接分化出很多芽，这些芽经培养可以伸长、生根而再生成完整植株。随后又对离体再生能力与基因型的关系进行了研究，认为每个外植体再生芽的数量在蓖麻不同的基因型之间并无明显的差异。他们认为这种再生芽数量上的差异主要反应不同部位外植体再生能力的差异，并推测不同外植体对激素反应的差异是由于不同部位的细胞对激素的吸收和识别有差异，或者是由于激素作用机制的不同而造成的。

激素种类与浓度对蓖麻芽再生和增殖的影响很大。Sujatha 和 Reddy（2007）为了找出蓖麻组织培养芽再生最适的激素种类和浓度，在实验中分别使用了 $0.5 \sim 10.0$ mg/L 的腺嘌呤（adenine）、BA、激动素（KT, kinetin）、TDZ 和玉米素（ZT）。结果发现，在所有浓度的腺嘌呤中，胚轴外植体只发育成单独的植株而无任何增殖；激动素对潜伏芽的生长有促进作用（平均每个外植体产生 $1.0 \sim 3.3$ 个芽）。同样是胚轴外植体，TDZ 能显著促进丛生芽的形成，在 TDZ 培养基上培养一段时间后转到 BA 培养基中，得到了较高的芽增殖率（每个外植体产生 $33.3 \sim 40.0$ 个芽）。而对于芽尖外植体，在 BA 培养基上获得的再生丛生芽数相当高，并在 BA 浓度为 2.0 mg/L 时达到最高（每个外植体产生 46.7 个芽）。在 0.5 mg/L 腺嘌呤的情况下这个数字最低（每个外植体产生 5.0 个芽）。此外，以胚轴为外植体，在 BA、KT 和 ZT 培养基上，不定芽发生之后其数量保持恒定基本不变；但在 TDZ 培养基上每个独立的外植体的芽数在持续增加。然而，虽然在 TDZ 培养基上有比较高的增殖倍数但却抑制了芽的伸长，他们用继代培养的方法解决了这一问题。在随后的研究中，Ahn 等（2007）利用蓖麻下胚轴建立了一套不依赖于分生组织的植株再生体系，证明了 TDZ 能促进下胚轴不定芽再生。

近几年的研究发现在培养基中添加维生素 $B_5$、$AgNO_3$、谷氨酰胺、腺嘌呤、赖氨酸盐酸盐等对蓖麻不定芽再生、增殖或生根都具有促进作用。在不定芽培养基中添加丙氨酸、谷氨酰胺、脯氨酸、丝氨酸这四种氨基酸，研究其对增殖的影响。结果发现，这四种氨基酸都能诱导不定芽增殖，其中 15 mg/L 的谷氨酰胺促进效果最理想，增值倍数达到 22.1（Kumari et al., 2008）。在含有 0.3 mg/L IBA 的生根培养基中加入 0.6 mg/L $AgNO_3$ 蓖麻不定芽生根最好，平均生根条数为 4.8（Kumari et al., 2008）。另有研究发现在含有 0.2 mg/L IBA 的 1/2MS 培养基中加入 0.6 mg/L $AgNO_3$，生根率高达 92.7%（Rahman 和 Bari, 2010）。

表 4-5 国外蓖麻组织培养研究情况

| 外植体 | 形态发生 | 愈伤组织诱导（mg/L） | 发生率 | 参考文献 |
|---|---|---|---|---|
| 胚乳 | 根系再生 | — | — | La Rue, 1944 |
| 成熟种子 | 胚乳增殖 | 2, 4-D 或 KT | — | Mohan Ram, Satsangi, 1963 |
| 去皮的成熟种子 | 胚乳增殖、组织培养建立、管胞分化 | 2, 4-D + KT + YE | — | Satsangi, Mohan Ram, 1965 |
| 发芽种子的胚乳 | 胚乳增殖 | 2, 4-D + KT + YE | 愈伤-82% | Brown et al., 1970 |
| 新鲜去皮种子 | 无器官发生 | 2, 4-D + KT + YE | — | Srivastava, 1971 |

（续）

| 外植体 | 形态发生 | 愈伤组织诱导（mg/L） | 发生率 | 参考文献 |
|---|---|---|---|---|
| 新鲜去皮种子 | 胚乳增殖、愈伤组织能连续继代 | 2,4-D + KT + YE | 愈伤-56% | Johri, Srivastava, 1972 |
| 芽、子叶、胚轴根、胚乳、胚 | 除胚乳外只产生愈伤组织，从胚产生丛生芽 | BA 4.0 | — | Khumsub, 1988 |
| 悬浮细胞 | 营养运输与吸收 | — | — | Cho, Choi, 1990 |
| 子叶愈伤组织 | 木质部形成丛生芽 | NAA 2.0 + BA 0.5 | — | Bahadur et al., 1991 |
| 上胚轴、子叶 | | BA 2.5 + NAA 0.1-GA$_3$ 0.2，BA 2.0 + NAA 1.0 | 带芽愈伤-96.5% | Sarvesh et al., 1992 |
| 根、芽、子叶 | 分生组织分化出芽、产生根系 | BA 0.5～2.0 NAA 0.5-根系 | 愈伤-90%～98% | Athma, Reddy, 1983 |
| 幼茎 | 芽分化 | NAA 1.0 + BA 1.0 或 IAA 0.5 + BA 2.0 或 4.0 – 芽分化 NAA 0.5 – 生根 | — | Genyu, 1988 |
| 幼苗 | 分生组织分化芽 | BA 2.0 | 芽增殖率 25%～30% | Athma, Reddy, 1989 |
| 叶片 | 不定芽 | KT 2.0 + IAA 1.0 | — | Reddy, Bahadur, 1989a |
| 茎尖 | 丛生芽 | KT 2.0 + IBA 1.0 | 79.1% 的茎尖产生 5.2 个芽 | Reddy, Bahadur, 1989b |
| 胚轴、叶片、茎尖 | 茎尖增殖 | BA 1.0 或 2.0，NAA 1.0 + KT 0.5；NAA 0.5 + BA 1.0 | — | Reddy et al., 1986 |
| 茎尖愈伤组织 | 产生芽 | KT 2.0 + NAA 1.0 | — | Reddy et al., 1987b |
| 种子、幼苗 | 芽增殖 | BA 4.0 | — | Sangduen et al., 1987 |
| 茎尖 | 丛生芽 | BA 0.25 | 79% 的外植体产生 4.4 个芽 | Molina, Schobert, 1995 |
| 胚轴、芽尖 | 芽增殖 | TDZ 0.5～10.0 | 胚轴增殖倍数 81.7，茎尖增殖倍数 22.0 | Sujatha, Reddy, 1998 |
| 合子胚胚轴 | 不定芽 | TDZ 0.25 或 BA 4.5 | 增殖倍数 24.2 | Ahn et al., 2007 |
| 胚轴 | 不定芽 | BA 2.0 + IBA 0.5～1.0 + 赖氨酸盐酸盐 0.1% | 诱导率为 22.3%～25.0% | Sujatha, Reddy, 2007 |
| 幼苗的子叶、胚轴、上胚轴、叶片 | 愈伤产生器官 | BA 2.0 + NAA 0.8 – 愈伤 TDZ 2.5 + NAA 0.4 + Gln 15 – 芽 | 诱导率为 85.0%，增殖倍数 22 | Ganesh Kumari et al., 2008 |

（续）

| 外植体 | 形态发生 | 愈伤组织诱导（mg/L） | 发生率 | 参考文献 |
|---|---|---|---|---|
| 子叶 | 不定芽、根 | TDZ 1.0-不定芽诱导 IBA 1.0-根 | 不定芽诱导率90% | Ahn，Chen，2008 |
| 子叶 | 愈伤产生芽、根 | VB5 + BA 2.0 + NAA 0.8-愈伤 VB 5 + IBA 0.3 + AgNO₃0.6-生根 | 愈伤组织诱导率为69.5%，增殖倍数22.1，生根率72.5% | Ganesh Kumari et al.，2008 |
| 子叶节 | 丛生芽、根 | BA 3.0-丛生芽 NAA1.0-生根 | 芽诱导率85%，增殖倍数12.56；生根率87.5% | Alam et al.，2010 |
| 子叶节、芽尖 | 芽增殖、根 | BA 1.0-芽增殖 IBA 0.2 + AgNO₃ 0.6-生根 | 芽增殖率100%，增殖倍数9.5，生根率92.7% | Rahmanand Bari，2010 |

## 三、橡胶树的组织培养

为了拓宽巴西橡胶树育种途径，改良其品质，从20世纪50年代以来橡胶育种学家们即开始着手研究其组织培养技术，特别是20世纪70年代以来中国、马来西亚、印度尼西亚、斯里兰卡等国投入大量的人力物力财力对这项技术进行广泛的研究（Carron et al.，1989），取得了一定的进展。近40年来国内外巴西橡胶树的组织培养主要包括花药培养、未授粉胚珠培养、子房培养、体细胞植株的克隆增殖、茎尖及嫩茎培养、悬浮细胞培养和原生质体培养（表4-6）。

### 表4-6　国内外橡胶组织培养研究情况

| 外植体 | 结　果 | 参考文献 |
|---|---|---|
| **微繁** | | |
| 芽尖 | 不定芽增殖、生根 | Paranjothy 和 Ghandimathi，1976 |
| 体细胞胚 | 不定芽增殖 | Carron 和 Enjalric，1982 |
| 幼树腋芽 | 不定芽增殖、生根 | Enjalric 和 Carron，1982 |
| 橡胶根段 | 不定芽增殖 | Carron 和 Enjalric，1983 |
| 芽尖 | 不定芽增殖 | Gunatilleke 和 Samaranayake，1988 |
| 芽尖、节间 | 不定芽增殖、生根 | Te-chato 和 Muangkaewngam，1992 |
| 成熟芽的茎尖 | 不定芽增殖、生根 | Perrin et al.，1994 |
| 腋芽 | 不定芽增殖、生根 | Seneviratne et al.，1995 |
| 幼树茎段 | 不定芽增殖、生根 | Seneviratne 和 Flegmann，1996 |
| 芽尖 | 不定芽增殖 | Seneviratne，1991 |
| 无菌苗的腋芽 | 不定芽增殖、生根 | Perrin et al.，1997 |
| 腋芽 | 不定芽增殖 | Seneviratne 和 Wijesekara，1996 |

（续）

| 外植体 | 结　果 | 参考文献 |
|---|---|---|
| 腋芽 | 不定芽增殖 | Lardet et al. , 1999 |
| 茎段 | 不定芽增殖 | Lardet et al. , 1999 |
| 腋芽 | 不定芽增殖、生根 | Mendanha et al. , 1998 |
| 芽尖 | 不定芽增殖 | Kala et al. , 2004 |
| 带腋芽茎段 | 不定芽增殖 | 邓柳红和罗明武，2009 |
| 成龄树茎段 | 不定芽增殖 | 赵辉 等，2009 |
| 胚 | 不定芽增殖 | Dickson A, 2011 |
| **器官发生** | | |
| 子叶、上胚轴、下胚轴 | 生根 | Paranjothy 和 Ghandimathi，1975，1976 |
| 成熟胚轴 | 不定芽增殖 | Paranjothy 和 Ghandimathi，1976 |
| 幼茎 | 愈伤组织、生根 | Wilson 和 Street，1974 |
| 雄蕊 | 愈伤组织、不定芽增殖 | Wilson 和 Street，1974 |
| 叶片 | 愈伤组织、发生胚 | Carron 和 Enjalric，1982 |
| 叶片 | 愈伤组织、不定芽增殖 | Mendanha et al. , 1988 |
| 内珠被愈伤 | 发生胚 | Blanc et al. 2002 |
| **花粉囊/花粉粒** | | |
| 花粉囊 | 愈伤组织 | Satchuthananthabale 和 Irugalbandra, 1972 |
| 花粉囊 | 愈伤组织 | Satchuthananthabale, 1973 |
| 花粉囊 | 愈伤组织、发生胚 | Paranjothy, 1974 |
| 花粉囊 | 愈伤组织 | Paranjothy 和 Ghandimathy1976 |
| 花粉囊 | 愈伤组织、发生胚、不定芽增殖 | Paranjothy 和 Rohani, 1978 |
| 花粉囊 | 愈伤组织、发生胚、不定芽增殖 | Chen, 1984 |
| 花粉囊 | 愈伤组织、发生胚、不定芽增殖 | Shijie et al. , 1990 |
| 花粉囊 | 愈伤组织、发生胚 | Das et al. , 1994 |
| 花粉粒离体培养 | 愈伤组织 | Jayashree et al. 2005 |
| 花粉粒 | 愈伤组织 | Jayashree et al. 2005 |
| 花药与未授粉胚珠 | 愈伤组织 | 吴煜，2008 |
| 花药 | 愈伤组织 | 谭德冠 等，2009 |
| **体细胞胚发生** | | |
| 花粉囊 | 愈伤组织、发生胚、不定芽增殖 | Paranjothy, 1974 |
| 花粉囊 | 愈伤组织、发生胚 | Paranjothy 和 Ghandimathi, 1975 |
| 花粉囊 | 愈伤组织、发生胚、不定芽增殖 | Paranjothi 和 Rohani, 1978 |
| 花粉囊 | 愈伤组织、发生胚 | Wang et al. , 1980, 1984 |
| 花粉囊 | 愈伤组织、发生胚 | Carron 和 Enjalric, 1982 |
| 花粉囊 | 愈伤组织、发生胚、不定芽增殖 | Wan et al. , 1982 |
| 珠被组织 | 愈伤组织、发生胚、不定芽增殖 | Carron 和 Enjalric, 1985 |
| 珠被组织 | 愈伤组织、发生胚 | EI Hadrami et al. , 1991, 1992 |
| 珠被组织 | 愈伤组织、发生胚、不定芽增殖 | Etienne et al. , 1993a, 1993b |
| 珠被组织 | 愈伤组织、发生胚 | Montoro et al. , 1993 |
| 珠被组织 | 愈伤组织、发生胚 | Veisseire et al. , 1994a, 1994b |
| 珠被组织 | 愈伤组织、发生胚、不定芽增殖 | Asokan et al. , 1992 |
| 雄蕊 | 愈伤组织、发生胚、不定芽增殖 | Wang 和 Chen, 1995 |
| 未成熟花粉囊 | 愈伤组织、发生胚、不定芽增殖 | Kumari Jayasree et al. , 1999 |

（续）

| 外植体 | 结　果 | 参考文献 |
|---|---|---|
| 未成熟花序 | 愈伤组织、发生胚、不定芽增殖 | Sushamakumari et al. 2000a, 2000b |
| 叶片 | 愈伤组织、发生胚、不定芽增殖 | Kala et al. 2005 |
| 根 | 愈伤组织、发生胚、不定芽增殖 | Sushamakumari et al. 2006 |
| **原生质体培养** | | |
| 未展开叶片 | 原生质体分离、PF、FD | Cailloux 和 Lleras, 1979 |
| 髓细胞悬浮培养 | 原生质体分离 FD | Rohani 和 Paranjothy, 1980 |
| 茎组织 | 原生质体分离 FD | Wilson 和 Power, 1989 |
| 花粉囊愈伤组织与细胞悬浮培养 | 原生质体分离 PF | Haris et al. , 1993 |
| 胚愈伤组织 | 原生质体分离、原生质体分裂、MCF | Cazaux 和 d'Auzac, 1994 |
| 茎组织 | 原生质体分离 FD | Cazaux 和 d'Auzac, 1995 |
| 胚细胞悬浮培养 | 原生质体分裂 | Sushamakumari et al. 2000b |
| 胚细胞悬浮培养 | 原生质体分裂 | Sushamakumari et al. 2002 |

### 1. 离体微繁

　　尽管有关橡胶树离体微繁的研究已有过一些报道，但大多数研究中所采用的外植体均取自种子萌发的实生苗（表4-6），而且迄今为止依然未能成功建立橡胶优良无性系的大规模高效快繁体系。一般来说，对种子实生苗的培养有两种方式：一种是用酒精、升汞等常规消毒药品对种子进行消毒，然后转到 MS 基本培养基上培养，待种子萌发至一定高度后再取其茎尖或嫩茎进行培养。例如，Paranjothy 和 Gandhimathi（1976）曾首次进行过橡胶树无菌种子苗茎尖培养的研究，研究结果发现，取自无菌种子苗的芽尖材料（2～3 cm 长）尽管能在 MS 液体培养基中生根，但他们在固体培养基中却难以继续生长。另一种则是将种子播到大棚沙床上，待其长至一定高度时取其外植体作常规消毒后进行培养。Enjalric 和 Carron（1982）利用这种方式从生长在温室中的 1～3 年生的种子实生苗上切取腋芽作为外植体成功地培养出了生根小植株。试验证明第一种方式所取的外植体污染率较第二种方式的低，丛生芽萌发快，分化的数量也较多（Huang et al., 2004）。谭德冠等（2005）认为其原因可能有以下两方面：①在培养基中生长的植株是无菌苗，而在沙床上生长的植株作外植体长期暴露在空气中，再加上生长环境影响复杂，外植体材料有内源微生物的污染，消毒有一定的困难。另外消毒剂对外植体也有一定的毒害性；②培养基的营养成分较沙床丰富，在培养基中培养的植株其贮藏的养分较多，植株较粗壮。此后，不少研究人员也相继培养出了根、茎、叶完整的再生植株（表4-6）。我国这方面的研究较迟，但有了一定的进展，也获得了再生植株。

科研人员在研究过程中发现，来自橡胶优良无性系成龄植株的外植体很难进行组织培养，而且有关此方面的研究报道至今依然不多。橡胶成龄植株离体微繁的主要问题是难以诱导出能像主根一样起到良好固定支撑作用的不定根。此外，来自橡胶成龄植株的外植体不但难以建立起始培养物，而且离体增殖率也非常低。橡胶树是一种主要栽培在热带地区的多年生木本作物，取自大田成龄植株的外植体其细菌及内栖性真菌污染也给离体培养带来了极大的困难。为了获得无菌外植体，人们在灭菌技术上曾进行过大量探索。外植体的生理状况也是影响离体培养的重要因子之一。据 Carton 等(1985)及 Seneviratne(1991)的研究报道，橡胶树的离体微繁不但增殖率低，而且与来自体细胞胚胎发生的再生植株相比，难以诱导出具有主根质量的不定根。江泽海等(2011)为寻找一条降低橡胶树树根组织培养中外植体污染的有效途径，取巴西橡胶树断根处理 30d 后的新根为外植体，采用 1g/L 多菌灵、0.1% HgCL$_2$ 和不同浓度益培隆对其进行了消毒试验。研究结果表明，在常规消毒前先采用 1g/L 多菌灵对外植体处理 2.5h，再用 75% 乙醇消毒 30s 及 0.1% HgCL$_2$ 消毒 6min，然后接种到添加 0.1% 益培隆的固体愈伤诱导的培养基上，培养 30d 后外植体污染率降至 44.59%，存活率达 25.60%。

在印度橡胶研究所，Sinha 等(1985)首先从几个无性系诱导出茎尖芽，但最终未能生根。Asokan 等(1988)则在茎尖培养中同时观察到了芽及根的再生。之后，Thulaseedharan(2002)成功地将 4 个无性系的再生植株移植到了大田，并已开始进行田间评价鉴定。

近几十年来，许多研究者都在进行橡胶树优良单株带芽茎段的离体繁殖研究，其通过腋芽出苗和腋生枝丛生芽出苗途径进行大量繁殖，不经过发生愈伤组织而再生，使得无性系后代保持母本的优良性状，是更能使无性系后代保持原品种特性的繁殖方式，在生产中可能有很大的潜在应用价值。邓柳红和罗明武(2009)研究了不同激素配比的培养基对橡胶树茎段腋芽分化增殖的影响。以 Ms + 6-BA 3.0ms/L + NAA 0.1mg/L 为生长增殖培养基，萌动腋芽生长发育正常。6-BA 对腋芽的萌动和生长起重要作用，添加 2,4-D 则抑制腋芽萌发及生长。试验中还发现适量椰乳有利于腋芽萌发和生长，顶部茎段易产生愈伤组织，但少量的愈伤组织对腋芽的生长无影响。此外，据赵辉等(2009)的研究结果表明，不同生长时期的成龄树茎段需要通过不同的灭菌方法才能显著提高外植体的利用率，外植体灭菌方法显著影响橡胶成龄树茎段的组织培养效率。与稳定期相比，古铜期和淡绿期茎段在组织培养过程中诱导丛生芽萌芽快、萌芽多，是较优的外植体材料。古铜期和淡绿期茎段在激素配比为 6-BA4.0~5.0 mg/L + GA$_3$0.5mg/L 的条件下能很好地诱导抽出丛生芽；丛生芽在激素配比为 6-BA 2.0 mg/L +

NAA0.5mg/L，6-BA1.0mg/L + KT 1.0mg/L + NAA 0.5mg/L 或 6-BA0.5mg/L + KT1.5mg/L + NAA0.5mg/L 的条件下能很好地诱导丛生芽抽出健壮的芽条；丛生芽抽出的健壮芽条在激素配比为 0.5 mg/L IBA +0.5 mg/L IAA 的条件下能较好地生根成苗。外植体生长时期、激素种类和浓度配比都是影响巴西橡胶成龄无性系茎段的试管微繁的重要因素。

尽管多年来人们一直在橡胶树的离体培养上进行着不懈的努力和探索，但迄今为止依然没有任何一种微繁技术在生产上得到广泛应用。

2. 体细胞胚发生

通过体细胞胚胎发生进行植株再生不仅是橡胶树离体微繁的重要途径之一，而且在橡胶遗传转化研究上也起着至关重要的作用。尽管通过腋芽增殖方式进行橡胶无性系的微繁已取得很大进展，但该微繁体系存在诸多不足之处。首先是该方法的增值率相对较低，而且再生植株的根系不能像直根系那样起到良好的固定支撑作用。其次是该方法不能有效地应用于遗传转化研究，因为所获得的再生植株不是来源于单个细胞，故最后得到的转化植株很可能是由转化和非转化组织所构成的嵌合体（Nayanakanth 和 Seneviratne，2007）。

斯里兰卡橡胶研究所于 1972 年首次获得可继代培养的橡胶花粉囊愈伤组织（Satchuthananthavale 和 Irugalbandara，1972）。之后，中国及马来西亚在研究中也采用了同一技术路线。据报道，Paranjothy（1974）首次从源自花药壁的愈伤组织诱导出胚状体，继而又成功地诱导了茎芽发育。除了常规的培养方式之外，人们在橡胶悬浮培养上也做过一些有益的探索。Wilson 和 Street（1975）就橡胶愈伤组织及细胞悬浮培养物的生长、解剖结构及形态发生潜力进行过初步的观察和分析。但是，他们将来自茎段材料的愈伤组织转入改良 MS 液体培养基中进行培养最终并未能获得高质量的细胞悬浮体系。

马来西亚橡胶研究院（RRIM）1981 年曾就光周期对花药壁愈伤组织生长及分化的影响进行过初步分析（Rahaman et al，1981）。Wang 等（1980）首次成功地将橡胶花药植株移栽到了大田。据 Wan 和 Abdul Rahaman 等（1981）报道，来自不同无性系的花药壁愈伤组织其胚胎发生的诱导频率存在明显差异，这表明以往所报道的技术并不适用于所有的橡胶无性系。Carron（1981）还成功地从未成熟种子的内珠被组织诱导出体胚植株。随后，Carron 和 Enjarlic（1982）从花药愈伤组织也诱导获得胚状体。

在 1979 ~ 1989 年期间，Shiji 等（1990）共从 31584 个花药外植体诱导出52896个胚状体，并从中获得 1700 株再生植株。他们还成功地将来自 13 个无性系的539 株体胚植株移栽到了大田。此外，他们在试验中还发现，不同无性系的诱导频率存在很大差异。例如，无性系海垦 2 号的胚状体及小植株诱导率均较高，而在同样的培养基上，有些无性系甚至没有任何反应。吴煜（2008）利用热研 8-79 品种花药建立了橡胶树组织培养体系，诱导了橡胶树胚性愈伤组织，建立了胚性细胞悬浮体系及其再生体系，在此基础上进行了易碎胚性愈伤组织的超低温保存及其植株再生研究。

为了提高橡胶树体细胞胚胎及小植株的诱导率，很多研究人员都曾对体胚发生的培养条件及培养基配方等进行过大量的试验研究。EI Hadrami 等（1989）的研究发现，具有不同胚胎发生能力的橡胶愈伤组织其多胺（PA）含量存在明显差异，胚胎发生能力强的愈伤组织其 PA 含量通常会更高，他们据此认为 PA 水平可能是橡胶树体胚发生的重要限制因子之一。此外，有关激素平衡，培养基及外植体的水分状况，无机盐和碳水化合物的含量及种类，生长调节剂间的互作，以及钙和脱落酸等对橡胶树体胚及小植株诱导的影响近年来也有过不少报道。

在橡胶树体胚发生过程中的温度效应方面也进行了深入分析和探讨（Chen，1998）。结果表明，愈伤组织诱导、体胚分化及植株再生 3 个培养阶段的最佳温度分别为 26℃、24~25℃和 26~27℃。采用这种变温培养方式可将小植株再生频率提高至 40.5%。然而，尽管人们已进行过大量的研究，但迄今为止，橡胶花药培养的植株再生频率依然很低，这也使得该技术至今难以有效地应用于大规模生产。此外，据 Veisseier（1994）报道，来自未成熟种子内珠被的愈伤组织很容易发生褐变，进而导致组织退化及胚性丧失。

近年来，随着植物遗传转化技术的迅速发展，通过体细胞胚胎发生建立植株再生体系更加受到人们的关注。其中印度学者们的工作尤其引人注目。据 Kumari Jayasree 等（1999）报道，他们以印度大规模推广无性系 RRII 105 的幼嫩花药（小孢子发生以前）为外植体成功地诱导高频体细胞胚胎发生及植株再生。其最佳的愈伤组织诱导培养基为：改良 MS + 2,4-D 2.0mg/L + KT 0.5 mg/L，体胚诱导培养基为：改良 MS + KT 0.7 mg/L + NAA 0.2 mg/L。至于胚胎萌发及小植株再生则以无激素的改良 MS 培养基为宜。细胞学分析显示，所有被检测的小植株均为二倍体。Sushamakumari 等（2000）以无性系 RRII 105 的幼嫩花序为外植体也成功实现体胚诱导及植株再生。他们还就蔗糖及脱落酸对胚胎诱导的影响进行了深入研究和分析。结果显示，胚胎诱导及成熟均需用较高的蔗糖浓度，较低的蔗糖水平则有利于小植株再生。Sushamakumari 等（1999）还尝试从橡胶树的体细胞胚胎直接诱导丛生芽以有效提高小植株的再生频率。他们通过调控培养基的 BA 及赛苯隆水平等措施可从每个胚胎外植体平均获得 3.45 个丛生芽。此外，$GA_3$ 能促进橡胶胚胎诱导及分化。Kumari Jayasree 等（2001）就赤霉酸对胚胎诱导及成熟的影响进行了研究。他们发现，低水平的 $GA_3$ 对胚胎形成有促进作用，随着 $GA_3$ 浓度的不断增加，胚胎诱导率会持续下降。$GA_3$ 浓度对胚胎萌发及植株再生也有很大影响，其中以较低水平的 $GA_3$ 对胚胎萌发及随后完整植株的形成最为有利。当 $GA_3$ 浓度增加到 $4.0 \sim 5.0$ mg/L 时会明显影响小植株的生长发育。陈正华等（1986）认为 $GA_3$ 能显著地促进胚状体体积的增长，胚状体分化时间较长，一般需要 $2 \sim 3$ 个月。他们认为在此期间更换 $1 \sim 2$ 次新鲜的相同培养基能够提高胚状体诱导率。

胚性与非胚性愈伤组织之间以及胚胎发生的不同阶段均存在明显的同工酶差异，因此可将同工酶标记用作这些特定材料的鉴定工具（Asokan et al., 2001）。与此同时，他们还从源自内珠被组织的体细胞胚胎成功诱导重复性体细胞胚胎发生。所用最佳培养基为：B5 培养基 + NAA 0.5mg/L + KIN 2.0mg/L + IAA 0.5mg/L + 2,4-D 4.0mg/L + 蔗糖5%。Kumari Jayasree 和 Thulaseedharan 等（2004）报道了巴西橡胶树长期体细胞胚胎发生的诱导及保持。他们所继代保存的胚胎发生培养物长达 3 年之后依然具有胚胎诱导及植株再生能力。

除此之外，对橡胶花药及花序的研究也取得了一定的进展。Thulaseedharan（2002）从橡胶无性系 RRII 105 的幼嫩花药及花序均成功诱导出再生植株，而且这些植株在形态及遗传上也都完全一致。Carton 等（2000）还对体胚再生植株的大田表现进行了观察分析。结果表明，离体植株的生长明显快于对照实生苗，而且该两个处理的年茎围增量差距始终保持较高增加态势。外植体的发育阶段及类型、生长调节剂及其他生长促进物质的浓度、基本培养基成分以及光照强度等因子在橡胶树等很多植物体细胞胚胎发生的诱导和保持中均起着至关重要的作用。目前，全世界仅有少量橡胶基因型能够诱导体细胞胚胎发生（如 RRII 105，SCATC 93-114，PB 260，PB 235，PR 107，RRIM 600，GT 1，Haiken 2，Haiken 1 以及 SCATC 88-13 等）。不仅如此，橡胶树的体胚发生极不稳定（表现出高度的基因型依赖性）。同步性很差，而且胚胎萌发率及小植株诱导率均十分低下。因此，对于每一个不同橡胶基因型的培养条件必须进行深入而仔细的探索和研究。

## 第二节　油桐的组织培养

刚成熟的油桐种子，含有抑制物质，需要经过后熟阶段，一般到 5 月才能萌发，因此油桐的育苗受到时间上的限制。利用植物组织培养技术可以缩短育种时间，打破育种时间和空间上的限制。此外，组织培养还是开展油桐基因工程育种的前提和基础。结合基因工程改良和传统育种，对创建油桐新品种、提高油桐产量有重要意义。目前对于油桐的组织培养至今只见零星的报道。

## 一、腋芽诱导再生

张珊珊(2009，2010)利用3年生油桐种子为材料，建立了油桐组织培养方法，为实现上述目标奠定基础，同时油桐再生体系的建立也将对油桐乃至其他能源树种研究起到借鉴和促进作用。将种子常规消毒后将胚接种于1/2MS培养基上萌发。待萌发培养基中的幼苗长至2~3cm时，切取茎尖部分，接种于腋芽诱导培养基中。诱导培养基以MS培养基为基本培养基，附加不同浓度组合的6-BA(1.5或1.0mg/L)和KT(0.5或0.2mg/L)，将分化培养基诱得到的不定芽转入以MS为基本培养基、6-BA和IBA组合的继代培养基中，30d后观察苗的变化，确立最佳继代培养基。待单芽生长至2cm以上时，选取生长健壮的单芽转入生根培养基。生根培养基以1/2MS培养基为基本培养基，附加不同浓度激素。30d后统计生根率。选择根系发达、主茎高达2~3cm且木质化程度高的幼苗进行移栽。油桐腋芽再生过程如图4-3所示。

A                       B

C                       D

**图4-3　油桐腋芽诱导及再生体系的建立**

A. 不定芽诱导；B. 继代培养；C. 生根；D. 幼苗移栽。

1. 不同6-BA与KT组合对油桐腋芽诱导的作用

接种于1/2MS中的油桐幼胚，萌发率达到90%以上。切取茎段上半部分，在初代培养基中诱导腋芽的分化,培养30 d后,茎段基部开始分化,并伴有少量绿色致密愈伤组织生成。

采用不同浓度比的6-BA与KT,腋芽诱导率不同(表4-7)。30 d后观察不同浓度的激素组合结果表明:无激素的培养基无法诱导新的芽产生;当6-BA和KT浓度均为1.5 mg/L时,诱导率分别为61.1%、55.6%,6-BA单独作用的效果大于KT单独作用,且KT诱导出的芽细弱,分化的时间也较长,大约80 d后90%以上分化;而当采用组合MS + 6-BA 1.5 mg/L + KT 0.5 mg/L和MS + 6-BA 1.0 mg/L + KT 0.2 mg/L时,诱导率明显提高,产生的芽丛生,较粗壮,分化的时间也较短,60 d后即可全部分化,切口基部产生的愈伤组织较多,有些丛生芽可直接从愈伤组织中诱导。由表可见,6-BA和KT相互作用的组合优于它们分别单独作用的组合,且6-BA的作用大于KT,对芽的分化有直接作用。因此选择含6-BA和KT两种激素的培养基MS + 6-BA 1.5 mg/L + KT 0.5 mg/L作为诱导芽分化的最佳培养基。

**表4-7　不同6-BA与KT组合对油桐腋芽诱导的作用**(张珊珊,2010)

| 激素组合(mg/L) | 外植体数 | 诱导出芽率(%) | | 芽的生长情况 |
| --- | --- | --- | --- | --- |
| | | 30d | 60d | |
| MS | 18 | 0 | 0 | — |
| MS + 6-BA 1.5 + KT 0.5 | 18 | 83.3 | 100 | 芽丛生,粗壮 |
| MS + 6-BA 1.0 + KT 0.2 | 18 | 77.8 | 100 | 芽丛生,粗壮 |
| MS + KT 1.5 | 18 | 55.6 | 83.3 | 芽分化,细弱 |
| MS + 6-BA 1.5 | 18 | 61.1 | 94.4 | 芽分化,较细弱 |

2. 不同6-BA与IBA组合对油桐幼芽增殖的作用

虽然初代培养产生的芽多,但芽大都短小,不适合直接生根,因此降低细胞分裂素的含量和增加生长素,使芽在分化的同时,高度也增加。切取初代培养出1~2 cm的腋芽,接种于以MS为基本培养基、6-BA和IBA组合的继代培养基中,30 d后观察苗的变化,结果见表4-8。

**表4-8 6-BA和IBA对油桐芽增殖的影响**(张珊珊,2010)

| 激素组合(mg/L) | | 增殖倍数 | 平均苗高(cm) | 生长状况 |
| --- | --- | --- | --- | --- |
| 6-BA | IBA | | | |
| 1.0 | 0.5 | 2.3 | 2.89 | 苗粗壮,绿色,芽点较多 |
| 1.0 | 0.1 | 1.8 | 2.67 | 苗较粗壮,少数叶片边缘枯黄 |
| 1.0 | 0 | 1.3 | 1.89 | 苗较矮小,部分畸形 |
| 0.5 | 0.5 | 1.2 | 1.74 | 苗较矮小,芽分化较少 |
| 0.5 | 0.1 | 2.1 | 2.82 | 苗粗壮,芽分化较多 |
| 0.5 | 0 | 1.6 | 2.31 | 苗畸形 |

结果表明，在 6-BA(0.5、1.0mg/L) 和 IBA(0、0.1、0.5mg/L) 的组合下，芽的增殖不及初代培养，但苗高高于初代培养。当 6-BA 和 IBA 的浓度分别为 1.0mg/L、0.5mg/L 时，苗高和诱导出的芽情况都较好，试管苗茎较粗，叶片舒展，呈绿色；6-BA 与 IBA 的浓度比不能过高，当 6-BA 和 IBA 的浓度分别为 1.0mg/L、0.1mg/L 时，部分叶片边缘枯黄。当无生长素，只有 6-BA 作用时，产生的苗有一部分畸形，不利于生根和移栽。因此，缺乏生长素的组合不利于苗的生长，本实验认为 MS +6-BA 1.0mg/L + IBA 0.5mg/L 为最佳增殖培养基。

3. 不同激素浓度对油桐分化苗生根的作用

生根培养基选用 1/2MS 为基本培养基，附加不同浓度的 NAA(0、0.2、0.5mg/L) 和 IBA(0、0.2、0.5mg/L)。选取生长状况良好、苗高 2 cm 以上的油桐分化苗，进行生根。实验结果(表 4-9)表明：同样浓度下，IBA 的生根率比 NAA 高；当两者互相作用，生长素浓度过高，容易在根部形成愈伤组织，这样的苗移栽后，苗的愈伤组织会很快死亡，造成根部与茎部之间形成隔离层，无法运输营养物质和水分，最终死亡。因此认为 1/2MS + IBA 0.5mg/L 是最佳的生根培养基，苗生长良好，诱导出的根无愈伤组织，比较粗壮，大约有 6 ~ 7 条根。

**表 4-9　不同生长素浓度对油桐分化苗生根的作用**

| NAA (mg/L) | IBA (mg/L) | 生根率(%) | 生长状况 |
| --- | --- | --- | --- |
| 0.2 | 0 | 40 | 根粗壮，少，基部有愈伤组织 |
| 0.5 | 0 | 0 | 没有生根 |
| 0 | 0.2 | 20 | 根细长，少 |
| 0 | 0.5 | 80 | 根中等粗壮，长，较多 |
| 0.2 | 0.5 | 60 | 根粗壮，少 |
| 0.5 | 0.2 | 20 | 根粗壮，短，基部有愈伤组织 |

4. 油桐再生苗的移栽

取生长良好且根系发达的试管苗进行炼苗移栽，移栽后的幼苗在温度 25℃，相对湿度 85% 以上的人工气候箱内培养，保持湿润通风，成活率达 85% 以上。

## 二、油桐不定芽诱导再生

分别取种子萌发的无菌苗的下胚轴、子叶和叶片为外植体接种于诱导培养基中培养。

1. 油桐下胚轴愈伤组织诱导最佳激素组合的筛选

以在 1/2MS 培养基上萌发的油桐无菌苗下胚轴为外植体，接种于 6-BA/IBA 不同浓度配比的培养基中，观察下胚轴生长情况，30 d 后统计愈伤组织诱导率(表 4-10)。

表 4-10 不同激素配比对油桐下胚轴的愈伤组织诱导的影响

| 培养基编号 | 激素浓度（mg/L） | | 愈伤诱导率（%） |
|:---:|:---:|:---:|:---:|
| | 6-BA | IBA | |
| 1 | 0.5 | 0.1 | 57.1 |
| 2 | 0.5 | 1.0 | 82.7 |
| 3 | 1.0 | 1.0 | 75.8 |
| 4 | 1.0 | 2.0 | 93.1 |

结果表明，下胚轴在 10 d 左右开始有愈伤组织形成。当 IBA 浓度高于 6-BA 浓度时，下胚轴愈伤组织的诱导率明显提高，最高为 93.1%。

2. 油桐子叶不定芽诱导最佳激素浓度配比的筛选

以在 1/2MS 培养基上萌发的油桐无菌苗子叶为外植体，接种于 6-BA/IBA 不同浓度配比的培养基中，随时观察其生长情况，40d 后统计愈伤组织诱导率和再生芽诱导率。结果表明，当 6-BA/IBA 的浓度比为 10~20:1 时，愈伤组织诱导率较低，油桐子叶通过直接器官发生途径分化出芽，其中 6-BA 和 IBA 的浓度分别为 1.0mg/L、0.05mg/L 时，不定芽诱导率最高，为 83.3%。当 6-BA/IBA 的浓度比小于 10:1 时，油桐子叶诱导产生愈伤组织较多，其中 6-BA 和 IBA 的浓度分别为 1.5mg/L、1.5mg/L 时，愈伤组织诱导率最高，为 66.7%（表 4-11）。

表 4-11 不同激素配比对油桐无菌苗子叶的愈伤组织诱导和分化的影响

| 培养基编号 | 激素浓度（mg/L） | | 愈伤诱导率（%） | 分化率（%） |
|:---:|:---:|:---:|:---:|:---:|
| | 6-BA | IBA | | |
| 1 | 0.5 | 0.05 | 26.7 | 33.3 |
| 2 | 1.0 | 0.05 | 23.3 | 83.3 |
| 3 | 1.5 | 0.05 | 13.3 | 40.0 |
| 4 | 0.5 | 0.3 | 33.3 | 60.0 |
| 5 | 1.0 | 0.3 | 23.3 | 66.7 |
| 6 | 1.5 | 0.3 | 30.0 | 53.3 |
| 7 | 0.5 | 0.8 | 46.7 | 40.0 |
| 8 | 1.0 | 0.8 | 53.3 | 46.7 |
| 9 | 1.5 | 0.8 | 50.0 | 43.3 |
| 10 | 1.0 | 1.5 | 60.0 | 46.7 |
| 11 | 1.5 | 1.5 | 66.7 | 26.7 |
| 12 | 2.0 | 1.5 | 53.3 | 30.0 |

6-BA/IBA 的浓度比大于 15:1 时，诱导分化的苗部分有畸形，因此要降低细

胞分裂素的浓度并提高生长素的浓度。经过筛选，最终确定 MS +6-BA 1.0mg/L +IBA 0.5mg/L 为芽继代培养基。将畸形的分化芽分成小块，接种在继代培养基中生长，30 d 后畸形情况明显好转，芽逐渐长成幼苗。油桐子叶器官发生途径有两种，一种是直接器官发生途径，另一种是间接器官发生途径。但油桐子叶间接器官发生较晚，在外植体接种到继代培养基 2 个月后才出现，而且幼芽长势不如通过直接器官发生途径产生的幼芽好(图4-4)。

A          B

C          D

**图4-4 油桐子叶诱导不定芽**

A. 直接诱导分化出的畸形芽；B. 直接诱导分化出的正常芽；

C. 间接诱导分化出的芽；D. 继代的幼苗。

3. 油桐无菌苗叶片愈伤组织和不定芽诱导最佳激素组合的筛选

取在 1/2MS 培养基上萌发的油桐无菌苗上部的叶片，切成小方块，接种于附加不同浓度配比的 6-BA/KT 组合中，随时观察其生长情况，40d 后统计分化率。结果表明，在附加 6-BA(1.0、2.0mg/L)和 KT(0、0.5、1.0、2.0mg/L)的培养基中，油桐叶片直接诱导分化出再生芽。只有 KT(1.0、2.0mg/L)的培养基中，叶片不分化，也未诱导出愈伤组织，逐渐褐化死亡；只有 6-BA(1.0、

2.0mg/L)的培养基中，叶片分化率极低；当6-BA 和 KT 浓度分别为 2.0mg/L 和 1.0mg/L 时，分化率最高，达60.0%（表4-12）。

**表4-12 不同激素配比对油桐无菌苗叶片不定芽诱导率的影响**

| 培养基编号 | 激素浓度（mg/L） | | 分化率（%） |
| --- | --- | --- | --- |
| | 6-BA | KT | |
| L1 | 2.0 | 2.0 | 16.7 |
| L2 | 2.0 | 1.0 | 60.0 |
| L3 | 2.0 | 0 | 6.7 |
| L4 | 1.0 | 2.0 | 55.0 |
| L5 | 1.0 | 1.0 | 26.7 |
| L6 | 1.0 | 0.5 | 53.3 |
| L7 | 1.0 | 0 | 10.0 |
| L8 | 0 | 2.0 | 0 |
| L9 | 0 | 1.0 | 0 |

4. 外植体不同接种方式对油桐子叶分化率的影响

取油桐无菌苗子叶，切成小块后以不同的方式放置在 MS + 6-BA 1.0mg/L + IBA 0.05mg/L 培养基上，观察其生长情况，40 d 后统计分化率。结果表明（表4-13），外植体放置方式对油桐子叶分化差别不大，但大多数再生芽是从近轴面产生的，正面接触培养基容易使芽向培养基中生长，导致苗畸形。因此实验中确定子叶的放置方式为子叶叶片正面朝上。

**表4-13 油桐子叶不同放置方式对其分化率的影响**

| 处 理 | 外植体总数 | 分化率（%） |
| --- | --- | --- |
| 正面朝上 | 60 | 78.3 |
| 正面朝下 | 60 | 75.0 |

## 三、油桐愈伤组织诱导

为给油桐离体再生体系的建立奠定基础，卢彰显等（2010）通过正交试验设计，分析了外植体来源、培养基成分、激素等因素对油桐愈伤组织诱导的影响，并对所得结果进行极差和方差分析。以 2 年生三年桐的叶片、叶柄和茎段为试验材料，消毒处理后将无菌叶片切成约 0.5 cm×0.5 cm 的小块，叶柄、茎段切成小段，快速接种于已加入不同质量浓度2,4-D 和 KT 的 MS 培养基上。实验设计与实验结果见表4-14。

**表4-14　愈伤组织诱导试验结果极差分析**（卢彰显等，2010）

| 外植体 | 培养基 | 激素质量浓度（mg/L） | | 诱导率（%） | 愈伤组织生长情况 |
| --- | --- | --- | --- | --- | --- |
| | | 2，4-D | KT | | |
| 叶片 | 1/2MS | 0.1 | 0.2 | 50.23 | + + |
| 叶片 | 2/3MS | 0.3 | 0.5 | 92.39 | + + + |
| 叶片 | MS | 0.5 | 1 | 45.18 | + + |
| 叶柄 | 1/2MS | 0.3 | 1 | 80.69 | + + |
| 叶柄 | 2/3MS | 0.5 | 0.2 | 21.94 | + |
| 叶柄 | MS | 0.1 | 0.5 | 35.38 | + |
| 茎段 | 1/2MS | 0.5 | 0.5 | 30.2 | + |
| 茎段 | 2/3MS | 0.1 | 1 | 52.72 | + + |
| 茎段 | MS | 0.3 | 0.2 | 85.01 | + + |
| R1 | 62.6 | 53.707 | 46.11 | 53.393 | |
| R2 | 46.003 | 55.683 | 86.03 | 52.657 | |
| R3 | 55.997 | 55.19 | 32.44 | 59.53 | |
| R | 16.597 | 1.976 | 53.59 | 7.137 | |

注："+ + +"表示愈伤组织生长分化率高，褐化较少，结构疏松，生长状况良好，适合进行下一步的悬浮培养；"+ +"表示愈伤组织生长状况一般，"+"表示愈伤组织分化率较低，褐化严重，生长状况较差。

极差分析结果表明：影响油桐愈伤组织诱导率的因素主次顺序为2,4-D＞外植体＞KT＞培养基。最佳诱导材料为叶片，最佳诱导条件：2/3MS + KT 0.5mg/L + 2,4-D 0.3mg/L，在此条件下诱导率高达92.39%。

经过方差分析，在影响油桐愈伤组织诱导率的4种因素中，外植体的影响具有显著性，2,4-D 的影响具有极显著性。通过对愈伤组织生长状况的观察，发现生长素2,4-D 的质量浓度对愈伤组织的诱导质量有重要影响，适宜的质量浓度会促进其快速生长，但是质量浓度过高反而会抑制其生长，且有褐化趋势。

通过对不同外植体、培养基以及生长调节剂的种类和用量进行分析，选择了油桐叶片为外植体材料，2/3MS + KT 0.5mg/L + 2,4-D 0.3mg/L 为最佳培养基配方，诱导出疏松程度较好、脱分化程度较高的愈伤组织。

## 四、油桐悬浮细胞培养

中南林业科技大学的刘丽娜（2009）以具有独特早花性状的对年桐为研究对象，通过愈伤组织诱导途径，建立了悬浮细胞体系。

选取经培养后生长旺盛、结构疏松、易于分散、生长良好的愈伤组织，用玻璃棒碾碎，接种在与继代培养基相同的液体培养基中，pH 值为 5.7~5.8，每 250mL 的三角瓶中加入液体培养基 50mL，置于台式恒温摇床中进行暗培养，摇床转速 110rpm，培养温度 25℃。

油桐细胞悬浮培养生长特性的测定：用血球计数板法检测细胞数，计算起始浓度。观察不同细胞起始浓度对油桐细胞悬浮培养的影响。

悬浮细胞生长模型的建立：本书采用 SPSS12.0 统计软件自带的具有"S"型增长特征的生长模型（Logistic 模型、Richards 模型、Chanter 模型和 Gomportz 模型），选用拟和效果最好的 Logistic 曲线方程来模拟细胞生物量的动态。

1. 油桐细胞悬浮细胞系的生长状况

实验结果表明，经过数次继代培养后，悬浮细胞颗粒由不均匀到均匀，悬浮液由浑浊到透明，细胞系逐渐趋于稳定。筛选分散度好、较均匀、生长快、色浅透明的细胞作为种子传代，数次传代后，得到性能良好的悬浮细胞系。

不同的细胞起始浓度会影响细胞系筛选的时间，继而影响稳定细胞系的建立。比较不同培养浓度对油桐悬浮细胞系生长的影响结果见表 4-15。从表 4-15 可见，起始浓度对油桐悬浮细胞系生长有很大影响，能正常继代增殖的起始浓度是 $1.5 \times 10^4$ 个/mL，浓度过低，则小细胞团和单细胞很难增殖，只有较大的细胞团会继续生长，只能得到很大的颗粒；浓度过高，则每瓶的培养物生长量随接种量的增加而递增，达到最大浓度所需的时间也随之缩短，可能是由于在高浓度下养分很快被消耗殆尽，细胞悬浮液由无色或浅黄色变为黄色，由澄清、透明变为混浊，细胞系趋于不稳定。从保持油桐悬浮细胞系稳定性的角度看，适宜的接种浓度为 $1.5 \times 10^4 \sim 1.0 \times 10^5$ 个/mL。

**表 4-15　不同起始浓度对悬浮细胞系生长的影响**（刘丽娜，2009）

| 培养浓度<br>（个/mL） | 细胞数<br>增多时间（d） | 细胞数<br>减少时间 | 备　注 |
|---|---|---|---|
| $8.0 \times 10^3$ | | | 不能增殖 |
| $1.5 \times 10^4$ | 27 | 54 | 悬浮液呈浅黄色 |
| $3.0 \times 10^4$ | 21 | 59 | 悬浮液呈黄色、透明 |
| $6.0 \times 10^4$ | 15 | 56 | 悬浮液呈黄色、有些浑浊 |
| $1.0 \times 10^5$ | 2 | 28 | 悬浮液比较浑浊 |

本试验建立了油桐悬浮细胞体系：2/3MS 液体培养基，2,4-D 0.3mg/L，KT 0.5mg/L，3% 蔗糖，pH 值 5.8，于 25℃ 散射光或黑暗的培养室，回旋式振荡培养，转速为 110rpm，悬浮培养初期每 9d 继代换液 1 次，27d 后，转入新鲜培养

基中，每6d继代换液1次。

2. 油桐细胞悬浮培养生长曲线

以时间为横坐标，每隔4d测定的油桐悬浮细胞的生长量为指数生长曲线，结果如图4-5所示。

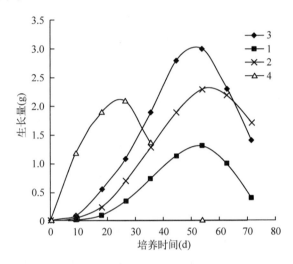

**图4-5 油桐细胞悬浮培养的生长曲线**（刘丽娜，2009）

注：曲线1，2，3，4的浓度分别为 $1.5 \times 10^4$ 个/mL、$3.0 \times 10^4$ 个/mL、$6.0 \times 10^4$ 个/mL、$1.0 \times 10^5$ 个/mL。

油桐悬浮细胞系的生长动态和绝大多数植物一样，基本呈"s"形曲线。可分为延迟期、对数生长期、减慢生长期以及衰亡期。不同起始浓度对细胞悬浮培养系的生长状况和周期有一定的影响，起始浓度过大（ $>1.0 \times 10^5$ 个/mL），则延迟期缩短，在对数期虽然生长迅速，细胞基数大，但对数期较短，到了生长后期裂解死亡的细胞较多。起始浓度较小（ $<3.0 \times 10^4$ 个/mL），虽然对数期生长稳定、时间较长，后期裂解的细胞较少，但延迟期过长，对数期细胞基数小。原因可能是因为悬浮细胞生长存在着一个临界值，低于此浓度，细胞分化能力较弱，生长速率降低；高于此浓度，虽然生长周期缩短，但后期细胞生活率低。因此进行油桐细胞悬浮培养的最佳起始浓度为 $6.0 \times 10^4$ 个/mL。

3. 悬浮细胞的理论生长模型

通过 SPSS 软件，用 $Y = k/(1 + e^{a-bt})$ 拟合不同接种量生长模型，结果见表4-16。

表4-16　不同起始浓度油桐悬浮细胞的理论生长模型（刘丽娜，2009）

| 培养浓度（个/mL） | 参数估计 | | | 拟合优度 | 快速生长期（d） | | |
|---|---|---|---|---|---|---|---|
| | $k$ | $a$ | $b$ | $R^2$ | 始期 | 中期 | 末期 |
| $1.5 \times 10^4$ | 0.143 | 2.143 | 0.348 | 0.968 | 2.37 | 6.15 | 9.94 |
| $3.0 \times 10^4$ | 0.329 | 1.317 | 0.343 | 0.983 | 1.57 | 5.41 | 7.68 |
| $6.0 \times 10^4$ | 0.457 | 2.634 | 0.368 | 0.991 | 1.24 | 4.82 | 7.16 |
| $1.0 \times 10^5$ | 0.314 | 0.561 | 0.379 | 0.925 | 0.43 | 1.48 | 4.96 |

从表4-16可见，该曲线方程对生长过程呈慢—快—慢特点的悬浮细胞生长动态拟合效果较好。当 $t < (a - 1.317)/b$ 为生长初期，在此阶段悬浮细胞生长缓慢。当 $(a - 1.317)/b < t < a + 1.317)/b$ 为速生期，在此阶段悬浮细胞生长迅速。当 $t > (a + 1.317)/b$ 为生长后期，在此阶段悬浮细胞生长又渐趋缓慢。理论上，随着起始浓度增大，悬浮细胞的生长极限 $k$（值依次升高，快速生长时期依次提前，与实际观察结果基本相符。

### 五、油桐叶片再生

目前，已有利用油桐幼树嫩叶为外植体建立油桐叶片不定芽高效再生的报道。Ren 和 Peng（2010）利用2年生油桐幼树的嫩叶为外植体，建立了油桐叶片不定芽高效再生及繁殖的方法。在叶片不定芽诱导培养基 MS + 6-BA 3.0mg/L + IBA 0.5mg/L 中，不同基因型的油桐叶片诱导的不定芽生长状况与不定芽数量存在显著差异。培养5周后，不定芽在增殖培养基 MS + 6-BA 2.0mg/L + NAA 0.25mg/L 中，最大增值倍数为4.2；将这些不定芽转接到茎伸长培养基 MS + 6-BA 0.5mg/L + NAA 1.0mg/L + GA₃ 0.5mg/L 上，不定芽显著伸长。这是关于油桐叶片不定芽再生的首次报道。

## 第三节　大戟科植物的遗传转化

植物的遗传转化是指利用重组 DNA 技术和植物细胞组织培养技术，将外源基因导入植物细胞以获得人类所需的转基因植株。植物经转基因后获得形态、生长正常的转化植株，称为"转基因植物"。随着分子生物学技术的发展，通过转基因技术获得转基因型新品种，是油桐育种的新途径。目前大戟科植物遗传转化方法主要有农杆菌介导法、DNA 直接导入法（常用基因枪法和基因枪—农杆菌混合介导法）。而农杆菌介导法目前在双子叶植物遗传转化中处于主导地位。它是利用根癌农杆菌的 Ti 质粒和发根农杆菌的 Ri 质粒上的一段 T-DNA 区在农杆菌侵染植物形成肿瘤的过程中，T-DNA 可以被转移到植物细胞并插入到染色体基因中。与其他植物遗传转化方法相比，根癌农杆菌介导法具有转化频率高、发生基因沉默率低、导入 DNA 片段较大等优点。外源基因在转入并整合到植物基因组中之后，一般拷贝数有 1~3 个，表达效果好。所以农杆菌介导法是外源基因进入植物细胞比较成功和应用比较广泛的方法。目前，对于大戟科植物的遗传转化进展非常缓慢。

## 一、麻疯树的遗传转化

为了提高麻疯树种子含油量以及改变油的组成，增强对病虫害的抵抗，增强对环境的适应能力，需要对麻疯树进行遗传改良。通过麻疯树种间杂交引入优良性状，周期长，不能够获得特异外源基因，因此可以通过基因转化改变遗传背景。虽然植物基因转化技术较多，但是在麻疯树上转化技术不是很成熟。目前麻疯树外源基因的转化主要是通过农杆菌浸染子叶来实现的。李美茹等（2006）通过梯度实验检测不同外植体（真叶、子叶、下胚轴）对卡纳霉素、潮霉素、除草剂以及头孢霉素的敏感性，从而确定了基因转化筛选的最佳抗生素浓度，使用 GUS 瞬时表达的方法来确定最佳的转化条件。在此基础上，以子叶为外植体，建立以潮霉素和除草剂为筛选标记和以 GUS 为报告基因的农杆菌转化体系，获得转基因植株，通过 PCR、Southern 杂交、GUS 染色检测，转化效率可达到 13%。在农杆菌菌液中加入乙酰丁香酮，可以大大提高瞬时表达效率（邓君萍，2005）。随后，张明婧（2008）建立了农杆菌介导的子叶为受体的麻疯树遗传转化体系，优化了遗传转化技术参数，将细胞分裂素合成限速酶——异戊烯基转移酶基因（ipt）转入麻疯树基因组中。裴红杰等（2010）分析了子叶大小对遗传转化效率的影响以及 KN1 基因超量表达对转基因植株再生的影响。研究结果表明，子叶大小为（0.8mm × 0.8mm）~（1.0mm × 1.0mm）时，遗传转化效果最好；经过抗性芽及再生植株进行 GUS 及 PCR 检测，*KN1* 基因已经整合到麻疯树植物基因组中。*KN1* 基因的超量表达可提高麻疯树再生芽分化，影响转化芽及植株的外观形态及叶片的表型，包括芽及植株矮小，茎杆粗壮；叶片缩小，边缘分裂，对称性丧失，无子叶柄等。

## 二、蓖麻的遗传转化

蓖麻遗传转化开始研究的时间比较晚，研究水平也相对落后，仅有的少量研究在 2003 年以后才陆续报道。国内外关于蓖麻遗传转化成功的例子也十分少见。

目前蓖麻遗传转化中最常用的方法是农杆菌介导法与基因枪法。

在一项美国专利中，McKeon 和 Chen（2003）利用农杆菌（LBA4404）渗透液滴注浸染蓖麻有创伤的尚未开放雌花花芽，重复至雌花开放，收集种子，经筛选成功获得转基因植株，将这项技术申报了美国专利。但此文中并未提供分子检测的结果，仅有 GUS 染色的照片。这是对蓖麻遗传转化成功的首次报道。除此之外，这项专利还描述了其他的转化方法：农杆菌介导的整株转化方法、芽尖和胚轴方法及基因枪转化分方法。

第一例报道蓖麻转化成功的是使用农杆菌介导法，胚轴外植体与农杆菌（EHA105）共培养后经进一步培养和筛选获得了基因组中整合了外源基因的蓖麻转基因植株（Sujatha 和 Sailaja，2005）。利用胚轴为外植体，通过农杆菌介导法成功转化蓖麻。但转化频率很低，仅为 0.08%。在该实验中，以带有 pCAMBI-Al304 双元载体的农杆菌 EHAl05 为工程菌株，将含有报告基因 gus 和筛选标记基因 hpt 的 T-DNA 区导入蓖麻。经过 PCR、RT-PCR、PCR-Southern blot 和序列分析，证明 hpt 基因已整合到蓖麻的基因组中。Southern blot 分析表明 T 0 代转化子为单拷贝，其中 3 个株系经过 PCR 分析表明 hpt 基因在其后代中出现 3:1 分离。

2006 年 Malathi 等通过农杆菌浸染幼胚首次将功能基因 crylAb（δ-内毒素）转入蓖麻，获得抗拟尺蠖的蓖麻转基因植株。通过含有超双元载体 pTOK233 的农杆菌介导，将报告基因 gusA 和筛选标记基因 hpt 转入两个蓖麻栽培品种。经潮霉素筛选后，GUS 阳性转化子的 Southern blot 分析表明 gusA 基因已整合到蓖麻基因组中。在 Tl 代转化植株中，GUS 基因存在 3:1 的分离现象。同时通过含有超双元载体 pSB Ⅲ 的农杆菌介导，将含有 δ 内毒素基因 crylAb 和除草剂抗性基因 bar 导入蓖麻。经转基因 crylAb 蓖麻喂养拟尺蠖幼虫，致死率大于 88%。T 1 和 T 2 代分析表明 crylAb 和 bar 基因在转基因后代中能够稳定遗传。这是第一例将功能基因而非标记基因或筛选基因转入蓖麻的成功报道。

2008 年 Sujatha 等利用成熟种子去子叶的胚采用基因枪法成功地转化蓖麻。在含有 0.5mg/L 6-BA 和 20、40、60mg/L 潮霉素的培养基上对潜在转化子依次进行 3 轮筛选。随后 T 0 和 T 1 代转化子经 PCR 和 Southern 检测确定外源基因已稳定整合到基因组中，转化频率为 1.4%。以上结果表明利用胚轴分生组织对蓖麻进行基因枪转化是可行的。

到目前为止，国内也已经开始了蓖麻遗传转化研究的相关工作，但是进展非常缓慢。

侯玲玲（2009）建立了蓖麻花粉管通道转化新方法及其技术流程。将含有 gus 基因的 pJITl66 质粒转入 7 个蓖麻栽培品种，转化的种子成熟后取其子叶进行

GUS 染色检测。经检测获得的平均 GUS 阳性检出率分别达到 6.44%（2007 年）和 6.33%（2008 年），两年结果很接近。研究发现，因蓖麻品种、授粉方式（自交或杂交）和滴注质粒 DNA 时间等不同其 GUS 阳性检出率均存在明显差异：在 7 个品种中以"哲蓖 3 号"的两年平均 GUS 阳性检出率最高（9.76%），而"2129"的平均 GUS 阳性检出率最低（1.26%）；自交授粉的平均 GUS 阳性检出率（7.90%）高于杂交授粉（5.16%）；授粉后 4h 滴注 DNA 的平均 GUS 阳性检出率最高（8.71%），而授粉后 6h 滴注的平均 GUS 阳性检出率最低（2.92%）。并且在 Sujatha 等（2005）建立的蓖麻胚轴转化方法为基础，通过采用多项改进措施（暗培养 7d 进行预处理；向共培养基中添加乙酰丁香酮并调低 pH 值为 5.6；将诱导生根培养基中的低浓度生长素 IBA 或 NAA 替换成较高浓度的活性炭等），取得了较好的转化效果。运用该技术从来自 8 个受体品种的 1264 个外植体中共获得卡那霉素抗性植株 72 株，其中 PCR 检测有 15 株呈现阳性（表明 *npt* Ⅱ 基因已整合到蓖麻基因组中），平均 PCR 阳性检出率为 1.2%。

王莹（2011）采用根癌农杆菌转化蓖麻子叶节成功地将蓖麻毒蛋白 A 链基因所构建的基因沉默双元表达载体 RTA-RNAi 基因导入通蓖 5 号蓖麻品种。对转化所获得的植株，分别从 DNA、RNA 水平上进行检测，成功构建了蓖麻遗传转化体系，转化后获得蓖麻毒蛋白 A 链基因被抑制的植株。

综上所述，凡是在其他植物中应用的转化方法都可在蓖麻遗传转化中使用。在能够得到稳定的转基因植株的前提下，应提倡采用简易、快速和可重复的转化方法。最好能避免复杂且周期很长的组织培养植株再生程序以及转化过程中大量外植体划伤等繁琐的操作。

### 三、橡胶树的遗传转化

在目前公开报道中，橡胶树遗传转化的方法主要是在农杆菌介导法和基因枪法。

马来西亚橡胶研究所的 Arokiaraj 等（1991）首次报道了橡胶树的遗传转化。用皮下注射器注入致癌农杆菌 541/71 接种于 2 周龄离体橡胶苗的茎部，3 周后形成肿瘤，而且该肿瘤在不含激素的 MS 基本培养基上能自主生长，通过 TLC 方法可检测到肿瘤组织中含有由农杆菌诱导形成的章鱼碱。肿瘤的形成过程包含了质粒的转移，而且质粒携带的控制某些代谢物的基因在肿瘤细胞中表达。随后该所又利用农杆菌介导法成功将 *GUS*（β-葡糖苷酸酶）和 *npt* Ⅱ（新霉素磷酸转移酶基因）等基因导入橡胶树花药的愈伤组织，获得了完整植株，但是转化效率并不高（Arokiaraj et al., 1998）。Montoro 等（2000，2003）研究了钙在农杆菌介导法转化橡胶中的作用，他们发现橡胶树愈伤组织在无 CaCl₂ 的培养基上预培养一段时间后，可以提高转化效率。印度橡胶研究所也建立了一套以花药愈伤为受体的高效农杆菌介导转化体系，用携带巴西橡胶超氧化物歧化酶 SOD 基因质粒载体的农杆菌浸染印度橡胶品系 RR Ⅱ 105 的花药愈伤组织，从中得到了转基因植株，该基因在转基因后代中稳定表达。在试验中他们找到了一个适宜农杆菌转化橡胶的共培养体系，农杆菌和愈伤组织在 20mM/L 乙酰丁香酮、三甲铵乙内酯盐酸 15mM/L 与 11.55mM/L 脯氨酸条件下共培养，然后在含有 300mg/L 的卡那霉素培养基上筛选。将愈伤组织转接到新鲜培养基上继续培养，获得发芽胚和发芽植株，经过 GUS 染色，均呈现阳性。通过 PCR 以及 Southern blot 分析证实，*UidA*，*npt Ⅱ*，*HbSOD* 基因成功整合到橡胶树的基因组中（Jayashree et al.，2003）。

法国国际农业研究发展中心对橡胶生物技术的研究在世界上处于先进水平。该中心在高效胚性愈伤再生体系的基础上，用携带 pCAMBIA2301 载体的农杆菌介导法以 PB260 品种长期继代的内珠被脱分化愈伤组织为受体建立了一个高效的农杆菌介导转化体系。经过两个周期的低温保存，胚性愈伤的转化能力与竞争力均有提高。当共培养温度从 27℃降到 20℃，时间增加到 7d，能够促进 GUS 的活性。他们从 6 个独立株系中得到 374 株转基因植株（Blanc et al.，2006）。

橡胶树植物基因型、农杆菌菌株、菌液浓度及浸泡时间、培养条件、培养基附加成分等均是影响农杆菌介导法转化橡胶树的重要因素（苏文潘等，2005）。经过科研人员多年的努力，农杆菌介导的橡胶树遗传转化已取得了很大的进展，然而获得转化植株的橡胶树品种还是比较有限（表 4-17），并且总体转化效率比较低。

在橡胶树的遗传转化中，除了使用农杆菌介导法外，还有基因枪法转化橡胶树也获得了转基因植株。Arokiaraj 等（1996，1998）首次使用基因枪转化橡胶花药愈伤组织，在愈伤组织和胚状体中都检测到了 *GUS*、*CAT*、*npt Ⅱ* 这三个基因的表达，并获得转基因植株，初步建立了橡胶树的遗传转化体系，但转化效率很低。2006 年中国热带农业科学院生物技术研究所王颖等（2006）用基因枪轰击巴西橡胶愈伤组织，将 *GAI* 矮化基因导入橡胶中，通过卡那霉素筛选，并且优化了基因枪法转化橡胶的各种参数，经过 GUS 组织染色和 PCR 扩增鉴定，初步确定 *GAI* 基因已经整合到橡胶基因组中。

## 四、油桐遗传转化中存在的问题

油桐为多年生木本植物，基因组高度杂合、遗传背景复杂，传统的育种方法在油桐上很难应用。随着分子生物学技术的发展，通过转基因技术获得转基因型

表4-17 农杆菌介导法在橡胶遗传转化中应用概况(邹智和杨礼富，2011)

| 品种 | 外植体 | 农杆菌菌株 | 载体 | 选择标记 | 报告基因 | 抗生素 | 目的基因 | 目标性状 | 结果 | 转化效率 | 参考文献 |
|---|---|---|---|---|---|---|---|---|---|---|---|
| PB 5/51 | 幼苗 | F541/71 | — | — | — | — | — | — | 形成肿瘤细胞 | — | Arokiaraj et al., 1991 |
| GL 1 | 花药愈伤 | C58pGV2260 | pCAMBIA2301 | npt II | p35S-GUS | Kan Cef Ticar | — | — | 获得转基因植株 | — | Arokiaraj et al., 1996 |
| GL 1 | 花药愈伤 | C58p GV2260 | pCAMBIA2301 | npt II | p35S-GUS | Kan Cef Ticar | — | — | 获得转基因植株 | <1% | Arokiaraj et al., 1998 |
| PB 260 | 内珠被愈伤 | EHA105 | pCAMBIA2301 | npt II | p35S-GUS | Cef | — | — | 转化愈伤 | — | Montoro et al., 2000; Rattana et al., 2003 |
| GL 1 | 花药愈伤 | C58pGV2260 | pLGMR.HSA | npt II | — | Kan Cef Ticar | — | 生产人血清白蛋白 | 获得转基因植株 | — | Arokiaraj et al., 2002 |
| GL 1 | 花药愈伤 | C58pGV2260 | pLGMR.HSA | npt II | — | Kan Cef Ticar | — | 生产小鼠抗体 | 获得转基因植株 | — | Yeang et al., 2002 |
| RRII 105 | 花药愈伤 | EHA101 | pDU962412 | npt II | pUbi7-GUS | Kan Cef | pFMV34S-MnSOD | 缓减死皮 | 转基因胚性愈伤 | — | Sobha et al., 2003a |
| RRII 105 | 花药愈伤 | EHA101 | pDU962412 | npt II | pUbi7-GUS | Kan Cef | pFMV34S-MnSOD | 缓减死皮 | 获得转基因植株 | 6% | Sobha et al., 2003b |
| PB 260 | 内珠被愈伤 | EHA105 | pCAMBIA2301 | npt II | p35S-GUS | Par Ticar | — | — | 转化愈伤 | — | Montoro et al., 2003 |
| RRII 105 | 花药愈伤 | EHA101 | pDU962144 | npt II | p35S-GUS | Kan Cef | p35S-HbSOD | 缓减死皮 | 获得转基因植株 | 4% | Jayashree et al., 2003 |
| PB 260 | 内珠被愈伤 | EHA105 | pCAMBIA2301 | npt II | p35S-GUS | Par Ticar | — | — | 获得转基因植株 | — | Blanc et al., 2006 |
| PB 260 | 内珠被愈伤 | EHA105 | pCAMBIA2301 | npt II | pHEV2.1-GUS | Par Ticar | — | — | 获得转基因植株 | — | Montoro et al., 2008 |

新品种，是油桐育种的新途径。由于油桐外植体再生植株尚存在较大困难，叶片再生胚状体还不够成熟且周期较长，原生质体操作难度大且再生植株困难，至今未见油桐遗传转化的报道。在油桐遗传转化的研究中，进一步完善油桐的组织培养再生体系，寻找适合油桐遗传转化的良好的、高效稳定的受体系统。用于转化的受体系应具有80%~90%以上的再生频率，并且每个外植体上必须再生丛生芽，且芽的数量越多越好，这样才有获得高频转化的可能；此外还需具有稳定的外植体来源，即易于得到用于转化的受体，且能大量供应(贾士荣，1992)。

就目前的研究现状来看，今后在油桐遗传转化的研究中可以有针对性地注重以下研究：①寻找相应转化材料的最适转化条件，比如农杆菌菌株类型、菌液浓度、浸染时间等因素对植物的遗传转化影响很大；还可以通过构建新型、安全、高效的表达载体来提高转化效率。②借鉴其他大戟科植物上农杆菌结合基因枪法取得的成功，探索农杆菌结合基因枪法对油桐进行遗传转化的研究。这样可以有效避免基因枪法和农杆菌转化的缺点，使这两种种方法互为补充，进而有效提高转化率。③寻找对油桐遗传转化有利的基因。油桐是亚热带树种，喜温暖湿润的气候环境，年平均气温 15 ~ 22℃、年降水量 750 ~ 2200mm 最为适宜。油桐不耐低温，喜生于向阳避风、排水良好的缓坡。油桐对土壤要求较高，适生于土层深厚、疏松、肥沃、温润、排水良好的中性或微性土壤上。因此，如果能够转入抗寒、耐涝等抗逆境基因则意义重大，可以有效地扩大其种植范围和提高抗性。所以增加有价值的转化基因种类也至关重要。④开展油桐转基因生物安全性问题的研究。近年来，随着转基因植物的增多，人们对转基因生物安全问题的关注程度也日益加强，所以在进行转基因研究中也应注意降低其可能带来的风险。

**参考文献**

陈金洪，高敏，黄记生. 麻疯树茎段离体培养及快速繁殖研究[J]. 广西农业科学，2006，37(3)：221 – 223.

陈正华，许绪恩，庞任声，等. 橡胶树属的花药培养及花粉植株的研究. 陈正华主编. 木本植物组织培养及其应用[M]. 北京：高等教育出版社，1986，481 – 500.

邓君萍. 麻疯树遗传转化体系建立的初步研[D]. 四川大学硕士学位论文，2005.

邓柳红，罗明武. 巴西橡胶树离体茎段培养研究[J]. 安徽农业科学，2009，37(32)：15711 – 15712.

丁兰，王涛，景宏伟，等. 蓖麻的组织培养[J]. 西北师范大学学报(自然科学版)，2010，46(1)：79 – 83.

侯玲玲. 蓖麻遗传转化方法研究——花粉管通道法和农杆菌介导法[D]. 中国科学院遗传与发育生物学研究所硕士学位论文，2009.

侯佩，张淑文，杨琳，等. 麻疯树胚乳愈伤组织诱导及其污染消除[J]. 应用与环境生物学报，2006，12(2)：264 – 268.

胡远，赵德刚．小油桐外植体分化及植株再生影响因素的初步研究[J]．福建林业科技，2008，35(1)：209 – 213．

贾士荣．转基因植物[J]．植物学通报，1992，9( 2)：3 – 15．

江泽海，周权男，李哲．巴西橡胶树树根组织培养外植体消毒研究[J]．安徽农业科学，2011，39(17)：10127 – 10129．

李化，曾妮，贾勇炯，等．麻疯树的促腋芽分枝快繁及生根诱导[J]．四川大学学报(自然科学版)，2006,43(5)：1116 – 1120．

李靖霞，朱国立，李晓娜，等．植物组织培养技术在蓖麻上的应用研究[J]．内蒙古农业科技，2008，(6)：81 – 82．

李美茹，李洪清，吴国江．影响农杆菌介导的麻疯树基因转化因素的研究(简报)[J]．分子细胞生物学报，2006，39(1)：83 – 89．

李胜，李唯．植物组织培养原理与技术[M]．化学工业出版社，2008，105．

林娟，唐琳，陈放．麻疯树的组织培养及植株再生[J]．植物生理学通讯，2002，38(3)：252．

刘伯斌，卢孟柱，李玲，等．麻疯树叶盘法高效再生的研究[J]．林业科学研究，2010，23(3)：326 ~ 329．

刘伯斌．麻疯树的高效再生和基因转化研究[D]．中南林业科技大学硕士学位论文，2009．

刘均利，郭洪英，陈炙，等．麻疯树组培苗的生根及移栽技术研究[J]．四川林业科技，2011，32(2)：38 – 44．

刘丽娜．油桐悬浮细胞系的建立及FLC同源基因的分离克隆[D]．中南林业科技大学硕士学位论文，2009．

刘庆昌，吴国良．植物细胞组织培养[J]．中国农业大学出版社，2003，35．

卢彰显，刘丽娜，郭文丹，等．油桐愈伤组织的诱导[J]．经济林研究，2010，28 (2)：111 – 113．

陆伟达，魏琴，唐琳，等．麻疯树愈伤组织的诱导及快速繁殖[J]．应用与环境生物学报，2003，9(2)：127 – 130．

裴红杰，赵德刚，宋宝安．小油桐外植体的KN1基因遗传转化及其超量表达的转基因植株[J]．基因组学与应用生物学，2010，29(3)：419 – 426．

秦虹，宋松泉，龙春林，等．小桐子的组织培养和植株再生[J]．云南植物研究，2006，28(6)：649 – 652．

任琛，侯佩，邓骛远，等．麻疯树花药愈伤组织诱导的初步研究[J]．四川大学学报(自然科学版)，2006,43(3)：717 – 719．

水庆艳，王健，宋希强，等．麻疯树组织培养研究进展[J]．热带作物学报，2010，31(7)：1227 – 1231．

水庆艳．麻疯树再生体系的建立与优化研究[D]．海南大学硕士学位论文，2010．

苏文潘，黄华孙．农杆菌介导的橡胶树遗传转化影响因子[J]．热带农业科学，2005，25(2)：41 – 45．

谭德冠，孙雪飘，张家明．巴西橡胶树的组织培养1[J]．安徽农业科学，2011，39(17)：10127 – 10129．

谭德冠，汪萌，孙雪飘，等．橡胶树品种热研7 – 33 – 97花药愈伤组织形态发生和组织学研究[J]．热带作物学报，2009，30(7)：970 – 974．

谭德云，陈祥梅，王光明等．特油作物蓖麻组织培养关键技术研究初报[J]．中国农学通报，2008，24（1）：29－32.

王延玲，丰震，赵兰勇．植物花药培养研究进展[J]．山东农业大学学报（自然科学版），2006，37（1）：149－151.

王莹．蓖麻遗传转化体系构建及蓖麻毒蛋白基因干扰载体转化研究[D]．内蒙古民族大学硕士学位论文，2011.

王颖，陈雄庭，张秀娟，彭明．基因枪法将 GAI 基因导入巴西橡胶的研究[J]．热带亚热带植物学报，2006，14（3）：179－182.

吴煜．巴西橡胶树遗传转化的研究[D]．海南大学硕士学位论文，2008.

肖科，王晓东，郭秀莲，等．麻疯树花药愈伤组织诱导分化与生根培养[J]．四川大学学报（自然科学版），2009，（4）：1120－1124.

袁瑞玲，郎南军，陈芳，等．麻疯树组培快繁技术研究进展．安徽农业科学，2008，36（29）：12587－1258.

张惠英，韦家川．蓖麻组织培养技术探讨[J]．广西农业生物科学，2001，20（3）：233－234.

张利明，侯玲玲，李文彬，等．蓖麻组织培养和植株再生的研究[J]．中国油料作物学报，2009，31（2）：253－255.

张明婧．小油桐组织培养及 ipt 基因遗传转化研究[D]．贵州大学硕士学位论文，2008.

张庆滢，杨建国，郑树松，等．蓖麻单性雌株组织培养和快速繁殖[J]．植物生理学通讯，2001，37（2）：133－134.

张姗姗，陈益存，汪阳东．油桐的组织培养与快速繁殖[J]．植物生理学通讯，2009，45（10）：1008.

张姗姗．油桐组织培养及桐油合成关键基因功能鉴定[D]．安徽师范大学硕士学位论文，2010.

赵辉，彭明，王旭，等．巴西橡胶成龄无性系茎段的试管微繁技术研究[J]．基因组学与应用生物学，2009，28（6）：1169－1176.

邹智，杨礼富．农杆菌介导法在橡胶树遗传转化中的应用与展望[J]．生物技术通报，2011，1：60－69.

Ahn Y J, Chen G Q. In vitro regeneration of castor ( *Ricinus communis* L. ) using cotyledon explants [J]. *Hort Science*, 2008, 43: 215－219.

Ahn Y J, Vang L, McKeon T A, et al. High-frequency plant regeneration through adventitious shoot formation in castor ( *Ricinus communis* L. ) [J]. *In Vitro Cell Dev Biol Plant*, 2007, 43: 9－23.

Alam I, Sharmin SA, Mondal SC, et al. In vitro micropropagation through cotyledonary node culture of castor bean ( *Ricinus communis* L. ) [J]. *Aust J Crop Sci*, 2010, 4(2): 81－84.

Arokiaraj P, Jones H, Jaafar H, et al. Agrobacterium-mediated transformation of *Hevea* anther calli and their regeneration into plantlets[J]. *JN Rubber Res*, 1996, 11 (2): 77－86.

Arokiaraj P, Rueker F, Oberymayr E, et al. Expression of human serumalbum in intransigenic *Hevea brasiliensis*[J]. *J Rubber Res*, 2002, 5: 157－166.

Arokiaraj P, Yeang H Y, Cheong K F, et al. CaMV 35S promoter directs β-glucuronidase expression in the laticiferous system of transgenic *Hevea brasiliensis* rubber tree[J]. *Plant Cell Reports*, 1998, 17: 621－625.

Arokiaraj P. Agrobacterium mediated transformation of Hevea cells derived from in vitro and in vitro seeding cultures[J]. *Journal Nature Rubber Research*, 1991, 6(1): 55 – 61.

Asokan M P, Kumari Jayasree P, Sushamakumari S. Plant regeneration by somatic embryogenesis of rubber tree (*Hevea brasiliensis*)[J]. *International Natural Rubber Conference*, Bangalore, India, 1992, 49.

Athma P, Reddy TP. Efficiency of callus initiation and direct regeneration from different explants of castor (*Ricinus communis* L.)[J]. *Curr Sci*, 1983, 52: 256 – 262.

Athma P, Reddy T P. Mutational and tissue culture studies in castor (*Ricinus communis* L.). In: Farook S A, Khan I A, editors. Recent Advances in Genetics and Cytogenetics[M], Hyderabad: Premier press, 1989, 465 – 473.

Blanc G, Baptiste C, Oliver G, et al. Efficient Agrobacterium tumefaciens-mediated transformation of embryogenic callus and regeneration of *Hevea brasiliensis* Muell. Arg. plants[J]. *Plant Cell Rep*, 2006, 24: 724 – 733.

Blanc G, Lardet L, Martin A, et al. Differential carbohydrate metabolism conducts morphogenesis in embryogenic callus of *Hevea brasiliensis* (Muell. Arg.)[J]. *Journal of Experimental Botany*, 2002, 53, 1453 – 1462.

Brown D J, Canvin D T, Zilkey B F. Growth and metabolism of *Ricinus communis* endosperm in tissue culture[J]. *Canadian J Bot*, 1970, 48: 2323 – 2353.

Cailloux M, Lleras E. Fusão de protoplastos de *Hevea brasiliensise* e *Hevea pauciflore*[J]. *Estabelecimento de Técnica Acta Amazonica*, 1979, 9: 9 – 13.

Carron M P, Enjalric E. Studies on vegetative micropropagation of *Hevea brasiliensis* by somatic embryogenesis and *in vitro* on microcutting. In: Fujiwara A (Ed) Plant Tissue Culture[M]. Maruzen, Tokyo, 1982, 751 – 752.

Carron M P, Enjalric F. Perspectives du microbouturage de l'*Hevea brasiliensis*[J]. *Caoutchoucs et Plastiques*, 1983, 627 – 628.

Cazuax, d'Auzac J. Explanation for the lack of division of protoplasts from stems of rubber tree (*Hevea brasiliensis*)[J]. *Plant Cell, Tissue and Organ Culture*, 1995, 41: 211 – 219.

Cazuax, d'Auzac J. Micro callus formation from *Hevea brasiliensis* protoplasts isolated from embryonic callus[J]. *Plant Cell Reports*, 1994, 13: 272 – 276.

Chen Z. Rubber (*Hevea*). In: Sharp R, Ammirato DA, Yamada Y (Eds) Handbook of Plant Cell Culture (Vol 2) Crop Species[M]. McMillan Publishers, 1984, 546 – 571.

Cho B H, Choi Y S. Sugar uptake system and nutritional change in suspension cells of *Ricinus communis* L. [J]. *Korean J Plant Tiss Cult*, 1990, 17: 167 – 173.

Das K, Sinha R R, Potty S N, et al. Embryogenesis from anther derived callus of *Hevea brasiliensis* (Muell. Arg.)[J]. *Indian Journal of Hill Farming*, 1994, 7: 90 – 95.

Deore A C, Johnson T S. High-frequency plant regeneration from leaf-disc cultures of *Jatropha curcas* L.: an important biodiesel plant[J]. *Plant Biotechnol Rep*, 2008, 2(1): 7 – 11.

Dickson A I, Okere A, Elizabeth J, et al. In-vitro culture of *Hevea brasiliensis* (rubber tree) embryo [J]. *Journal of Plant Breeding and Crop Science*, 2011, 3(9): 185 – 189.

EI Hadrami I, Carron M P, d'Auzac J. Influence of exogenous hormone on somatic embryogenesis in

*Hevea brasiliensis*[J]. *Annals of Botany*, 1991, 67: 511 – 15.

EI Hadrami I, d'Auzac J. Effects of polyamine biosynthetic inhibitors on somatic embryogenesis and cellular polyamines in *Hevea brasiliensis*[J]. *Journal of Plant Physiology*, 1992, 140: 33 – 36.

Enjalric F, Carron M P. Microbouturage *in vitro* de jeunes plants d'*Hevea brasiliensis* ( Kunth ) ( Muell. Arg. )[J]. *Comptes Rendus de l'Academic des Sciences*, *Paris Series*, 1982, 295: 259 – 264.

Etienne H, Montoro P, Michaux-Ferriere N, et al. Effects of desiccation, medium osmolarity and abscisic acid on the maturation of *Hevea brasiliensis* somatic embryos[J]. *Journal of Experimental Botany*, 1993a, 44: 1613 – 1619.

Etienne H, Sotta B, Montoro P, et al. Relationship between exogenous growth regulators and endogeous indole-3-aectic acid and abscisic acid in the expression of somatic embryogenesis in *Hevea brasiliensis* ( Muell. Arg. )[J]. *Plant Science*, 1993b, 88: 91 – 96.

Ganesh Kumari K, Ganesan M, Jayabalan N. Somatic embryogenesis and plant regeneration in*Ricinus communis*[J]. *Biol Plant*, 2008, 52: 17 – 25.

Genyu Z. Callus formation and plant regeneration from young stem segments of *Ricinus communis* L. [J]. *Genetic Manipulation in Crops*, *IRRI*, *Cassell Tycooly*, 1988, 393.

Gunatilleke I D, Samaranayake G. Shoot tip culture as a method of micropropagation of *Hevea*[J]. *Journal of Rubber Research Institure of Sri Lanka*, 1988, 68: 33 – 44.

Haris Ndarussamin A, Dodd WA. Isolation of rubber tree ( *Hevea brasiliensis* Muell. Arg. ) protoplasts from callus and cell suspensions[J]. *Menara-Perkebunan*, 1993, 61: 25 – 31.

Huang T D, Li W G, Huang H S. Microprogation of shoot apex and shoot stem with axils of cotyledon of *Hevea brasiliensis*[C]. In: Proceedings of the International Rubber Conference, Parallel Session 2, Kunming, China, Sept. 2004.

Jayashree R, Rekha K, Sushamakumari S, et al. Establishment of callus cultures from isolated microspores of *Hevea brasiliensis*[C]. National Symposium on Biotechnological Interventions for Improvement of Horticultural Crops, Trissur, 2005: 176 – 178.

Jayashree R, Rekha K, Venkatachalam P, et al. Genetic transformation and regeneration of rubber tree ( *Hevea brasiliensis* Muell. Arg. ) transgenic plants with a constitutive version of an anti-oxidative stress superoxide dismutase gene[J]. *Plant Cell Rep*, 2003, 22: 201 – 209.

Jayashree R, Rekha K, Venkatachalam P, et al. Genetic transformation and regeneration of rubber tree ( *Hevea brasiliensis* Muell. Arg. ) transgenic plants with a constitutive version of an antioxidative stress superoxide dismutase gene[J]. *Plant Cell Rep*, 2003, 22: 201 – 209.

Johri B M, Srivastava P S. In vitro growth responses of mature endosperm of *Ricinus communis* L. In: Murthy Y S, Johri B M, Mohan Ram H Y, Verghese T M, editors. Advances in Plant Morphology-V[M]. Puri Commemoration Volume Sarita Prakashan, Meerut, India; 1972, 339 – 58.

Kala R G, Kumari Jayasree P, Sushamakumari S, et al. *In vitro* regeneration of *Hevea brasiliensis* from leaf explants[C]. ICAR National Symposium on Biotechnological Interventions for Improvement of Horticultural Crops: Issues and Strategies, Trichur, India, 2005: 105 – 106.

Kala R G, Leda Pavithran, Thulaseedharan A. Effect of fungicides and antibiotics to control microbial contamination in *Hevea* cultures[J]. *Plant Cell Biotechnology and Molecular Biology*, 2004, 5: 51 – 58.

Kalimuthu K, Paulsamy S, Senthilkumar R, et al. In vitro Propagation of the Biodiesel Plant *Jatropha curcas* L. [J]. *Plant Tissue Cult. & Biotech*, 2007, 17(2): 137 – 147.

Khumsub S. Tissue culture of castor bean (*Ricinus communis* L. )[J]. *Dissertation. Kasetsart Univ. Bangkok*, 1988, 1 – 61.

Kumari Jayasree P, Asokan M P, Sobha S, et al. Somatic embryogenesis and plant regeneration form immature anthers of *Hevea brasiliensis* (Muell. Arg. ) [J]. *Current Science*, 1999, 76: 1242 – 1245.

Kumari K G, Ganesan M, Jayabalan N. Somatic organogenesis and plant regeneration in *Ricinus communis*[J]. *Biol Plantarum*, 2008, 52: 17 – 25.

La Rue C D. Regeneration of endosperm of gymnosperms and angiosperms[J]. *Amer J Bot*, 1944, 31: 45.

Lardet L, Piombo G, Orioi F, et al. Relations between biochemical characteristics and conversion ability in *Hevea brasiliensis* zygotic and somatic embryos[J]. *Canadian Journal of Botany*, 1999, 77: 1168 – 1177.

Li Bingtao, Qiu Huaxing, Ma Jinshuang, et al. Euphorbiaceae [M] //Wu Zhengyi RAVEN PH, DEYUAN H. Flora of China: Vol 11. Beijing Science Press, St Louis: Missouri Botanical Garden Press, 2008: 163 – 314.

Li MR, Li HQ, Wu GJ, et al. Establishment of an Agrobacteriuim-mediated cotyledon disc transformation method for *Jatropha curcas*[J]. *Plant Cell Tiss Organ Cult*, 2008, 92: 173 – 181.

Malathi B, Ramesh S, Rao K V, Reddy V D. Agrobacterium-mediated genetic transformation and production of semilooper resistant transgenenic castor (*Ricinus communis* L. ) [J]. *Euphytica*, 2006, 147(3): 441 – 449.

Mckeon T A, Chen G C. Tranformation of Ricinus communis, the castor plant[M]. US patent, 2003, no 6620986.

Mendanha A B L, de Almeida Torres R A, de Barros Freire A. Micropropagation of rubber tree (*Hevea brasiliensis* Muell. Arg. )[J]. *Genetics and Molecular Biology*, 1998, 21: 14 – 15.

Mohan Ram H Y, Satsangi A. Induction of cell divisions in the mature endosperm of Ricinus communis during germination[J]. *Curr Sci*, 1963, 32: 28 – 30.

Molina SM, Schobert C. Micropropagation of*Ricinus communis* [J]. *J Plant Physiol*, 1995, 147: 270 – 271.

Montoro P, Etienne H, Michaux-Ferriere N, et al. Callus friability and somatic embryogenesis in *Hevea* brasiliensis[J]. *Plant Cell, Tissue and Organ Culture*, 1993, 33: 331 – 338.

Montoro P, Lagier S, Bap tiste C, et al. Expression of the *HEV2.*1 gene promoter in transgenic *Hevea brasiliensis*[J]. *Plant Cell Tiss Organ Cult*, 2008, 94(1): 55 – 63.

Montoro P, Rattana W, Pujade-Renaud V et al. Production of *Hevea brasiliensis* transgenic embryogenic callus lines by Agrobacterium tumefaciens: roles of calcium[J]. *Plant Cell Rep*, 2003, 21: 1095 – 1102.

Montoro P, Teinseree N, Rattans W, et al. Effect of exogenous calcium on Agrobacterium tumefaciens-mediated gene transfer in *Hevea brasiliensis* (rubber tree) friable calli[J]. *Plant Cell Rep*, 2000, 19: 851 – 855.

Mukul M, Priyanka M, Biswajit G, et al. *In vitro* clonal propagation of biodiesel plant (*Jatropha curas* L.)[J]. *Current Science*, 2007, 93(25): 1438 – 1441.

Nayanakantha NMC, Seneviratne P. Tissue culture of rubber: past, present and future prospects[J]. *Cey J Sci (Bio. Sci.)*, 2007, 36(2): 51 – 62.

Paranjothy K, Gandhimathi H. Tissue and organ culture of *Hevea*[C]. *Proc. Intl. Rubber Conference* 1975 (Vol 2), Kuala Lumpur, Malaysia, 1976: 59 – 84.

Paranjothy K, Ghandimathi H. Morphogenesis in callus cultures *Hevea* brasiliensis Muell[C]. Arg. Proc. Natl. Plant Tissue Culture Symposium, Kuala Lumpur, 1975: 19 – 25.

Paranjothy K, Rohani O. Embryoid and plantlet development from cell culture of *Hevea*[C]. 4th International Congress Plant Tissue Cell Culture, University Calgary, 1978.

Paranjothy K. Induced root and embryoid differentiation in *Hevea* tissue culture[C]. 3rd International Congress Plant Tissue Cell Culture, University, Leicester, 1974.

Perrin Y, Doumas P, Lardet L, et al. Endogenous cytokinins as a biochemical marker of rubber tree (*Hevea brasiliensis* Muell. Arg.) clone rejuvenation[J]. *Plant Cell, Tissue and Organ Culture*, 1997, 47: 239 – 245.

Perrin Y, Lardet L, Enjalric F, et al. Rajeunissement de clones matures d'*Hevea brasiliensis* (Muell. Arg.) par microgreffage *in vitro*[J]. *Canadian Journal of Plant Science*, 1994, 74: 623 – 630.

Rahman M A, Bari M A. Hormonal effects on in vitro regeneration of *Ricinus communis* L. [J]. cultivar shabje. *J. bio-sci*, 2010, 18: 121 – 127.

Rattana W, Teinseree N, Tadakittisarn S, et al. Characterization of factors involved in tissue grow th recovery and stability of GUS activity in rubber tree (*Hevea brasiliensis*) friable callitransform ed by Agrobacterium tumefaciens[J]. *Thai J Agric Sci*, 2001, 34: 3 – 4.

Reddy KRK, Bahadur B. Adventitious bud formation from leaf cultures of castor (*Ricinus communis* L.)[J]. Curr Sci, 1989a, 58: 152 – 155.

Reddy KRK, Bahadur B. In vitro multiplication of castor. In: Farook SA, Khan IA, editors. Recent Advances in Genetics and Cytogenetics[M]. Hyderabad, Premier; 1989b, 479 – 482.

Reddy KRK, Rao GP, Bahadur B. In vitro studies on castor (*Ricinus communis* L.)[J]. *J Swamy Bot Cl*, 1986, 3: 119 – 140.

Ren J, Peng J. High-frequency plant regeneration from leaf tissue of *Vernicia fordii*, a potential biodiesel plant[C]. the Second International Symposium on Bioenergy and Biotechnology—In Conjunction with Miscanthus Workshop, 2010.

Rohani O, Paranjothi K. Isolation of *Hevea* protoplasts[J]. *Journal of Rubber Research Institute of Malaysia*, 1980, 28: 61 – 66.

Sachuthananthavale R, Irugalbandra Z E. Propagation of callus from *Hevea* anthers[J]. Quarterly Journal of Rubber Research Institute of Ceylon, 1972, 49: 65 – 68.

Sachuthananthavel R. *Hevea* tissue culture[J]. *Quarterly Journal of Rubber Research Institute of Ceylon*, 1973, 50: 91 – 97.

Sailaja M, Tarakeswari M, Sujatha M. Stable genetic transformation of castor (*Ricinus communis* L.) via particle gun-mediated gene transfer using embryo axes from mature seeds[J]. *Plant Cell Rep*, 2008, 27(9): 1509 – 1519.

Sangduen N, Pongtongkam P, Ratisoontorn P, et al. Tissue culture and plant regeneration of castor (*Ricinus communis* L.)[J]. *SABRAO J*, 1987, 19: 144.

Satsangi A, Mohan Ram HY. A continuously growing tissue culture from the mature endosperm of *Ricinus communis*. L. [J]. *Phytomorph*, 1965, 15: 26 –28.

Seneviratne P, Flagmann A. The effect of thidiazuron on axillary shoot proliferation of *Hevea brasiliensis in vitro*[J]. *Journal of the Rubber Research Institue of Sri Lanka*, 1996, 77: 1 –14.

Seneviratne P, Wijesekara G A S, De Zoysa G M. Root system of hevea with special reference to micro-propagated plants[J]. *Journal of the Rubber Research Institute of Sri Lanka*, 1995, 76: 11 –20.

Seneviratne P, Wijesekara G A S. The problem of phenolic exudates in *in vitro* cultures of mature *Hevea brasiliensis*[J]. *Journal of Plantion Crops*, 1996, 24: 54 –62.

Seneviratne P. Micropropagation of juvenile and mature *Hevea brasiliensis*[D]. PhD Thesis, University of Bath, UK, 1991: 278.

Shijie Z, Zhenghua C, Xueng X. A summary report on anther culture for haploid plants of *Hevea brasiliensis*. In: *Proc.* IRRDB Symposium on the Breeding of Hevea brasiliensis[J]. *Kumming, China*, 1990: 69 –78.

Shrivastava S, Banerjee M. In vitro clonal propagation of physic nut (Jatropha curcas L.): Influence of additives[J]. *International Journal of Integrative Biology*, 2008, 3 (1): 73 –79.

Sinha R R, Sobhana P and Sethuraj MR. Axillary buds of some high yielding clones of *Hevea* in culture [J]. First IRRDB Hevea tissue culture workshop. Kuala Lumpur, Malaysia, 1985: 16.

Sobha S, Sushamakumari S, Thanseem I, et al. Abiotic stress induced over-expression of superoxide dismutase enzyme in transgenic *Hevea brasiliensis*[J]. *Indian J Nat Rubber Res*, 2003b, 16: 45 –52.

Sobha S, Sushamakumari S, Thanseem I, et al. Genetic transformat ion of *Hevea brasiliensis* with the gene coding for superoxide dismutase with FMV 34S promoter[J]. *Curr Sci*, 2003a, 85(12): 1767 –1773.

Srivastava P S. In vitro growth requirements of mature endosperm of *Ricinus communis* L. [J]. *Curr Sci*, 1971, 40: 337 –345.

Sujatha M, Makkar H P S, Becker K. Shoot bud proliferation from axillary nodes and leaf sections of non-toxic*Jatropha curcas* L. [J]. *Plant Growth Regulation*, 2005, 47: 83 –90.

Sujatha M, Reddy T P. Differential cytokinin effects on the stimulation of in vitro shoot proliferation from meristematic explants of castor (*Ricinus communis* L.)[J]. *Plant Cell Rep*, 1998, 7: 561 –566.

Sujatha M, Reddy T P. Promotive effect of lysine monohydrochloride on morphogenesis in cultured seedling and mature plant tissues of castor (*Ricinus communis* L.)[J]. *Indian J Crop Sci*, 2007, 2: 11 –19.

Sujatha M, Sailaja M. Stable genetic transformation of castor (*Ricinus communis* L.) via Agrobacterium tumefaciens-mediated gene transfer using embryo axes from mature seeds[J]. *Plant Cell Rep*, 2005, 23(12): 803 –810.

Sushamakumari S, Rekha K, Thomas V, et al. Multiple shoot formation from somatic embryos of *Hevea brasiliensis*[J]. *Indian Journal of Natural Rubber Research*, 1999b, 12: 23 –28.

Sushamakumari S, Sobha S, Jayashree R, et al. Evaluation of parameters affecting the isolation and culture of *Hevea brasiliensis* (Muell. Arg. )[J]. *Currernt Science*, 1999a, 77: 1580 – 1582.

Sushamakumari S, Sobha S, Rekha K, et al. Influence of growth regulators and sucrose on somatic embryogenesis and plant regeneration from immature inflorescence of *Hevea brasiliensis*[J]. *Indian Journal of Natural Rubber Research*, 2000b, 13: 19 – 29.

Sushamakumari S, Sobha S, Rekha K, et al. Plant regeneration via somatic embryogenesis from root explants in *Hevea brasiliensis*[C]. International Symposium on Frontiers in Genetics and Biotechnology-Retrospect and Prospect, Hyderabad, India, 2006, 160.

Te-Chato S, Muangkaewngam A. Tissue culture of rubber I: *In vitro* micropropagation of rubber[J]. *Songklanakarin Journal of Science and Technology*, 1992, 14: 123 – 132.

Thulaseedharan, A. Biotechnological approaches for crop improvement in natural rubber at RRII-Present status[C]. In: Proceedings of the rubber Planter's Conference, India, 2002, 135 – 140.

Timir BJ, Mukherjee P, Datta MM, Somatic embryogenesis in *Jatropha curcas* L. , an important biofuel plant[J]. *Plant Biotechnol Rep*, 2007, 1(3): 135 – 140.

Veisseire P, Cailloux F, Coudret A. Effect of conditioned media on the somatic embrogenesis of *Hevea brasiliensis*[J]. *Plant Physiology and Biochemistry*, 1994a, 32: 571 – 576.

Veisseire P, Linossier L, Coudret A. Effect of absicsic acid and cytokinins on the development of somatic embryos in *Hevea brasiliensis*[J]. *Plant Cell*, *Tissue Organ Culture*, 1994b, 39: 219 – 223.

Wan AR, Ghandimathi H, Rohani O, et al. Recent developments in tissue culture of *Hevea*. In: Rao AN (Ed) Tissue Culture of Economically Important Plants [M]. Costed, Singapore, 1982: 152 – 158.

Wang Z, Wu H, Zeng X, et al. Embryogeny and origin of anther plantlet of *Hevea brasiliensis*[J]. *Chinese Journal of Tropical Crops*, 1984, 5: 9 – 13.

Wang Z, Zeng X, Chen C, et al. Induction of rubber plantles from anther of *Hevea. brasiliensis* Mulle [J]. *Arg. in vitro. Chinese Journal of Tropical Crops*, 1980, 1: 25 – 26.

Wang ZY, Chen XT. Effect of temperatue on stamen culture and somatic plant regeneration in rubber [J]. *Acta Agronimics Sincia*, 1995, 21: 723 – 726.

Wang ZY, Wu HD, Chen XT. Effects of altered temperatues on plant regeneration frequencies in stamen culture rubber trees[J]. *Journal of Tropical and Subtropical Botany*, 1998, 6: 166 – 168.

Wei Q, Lu W D, Liao Y, et al. Plant regeneration from epicotyl explant of *Jatropha curcas*[J]. *Journal of Plant Physiology and Molecular Biology*, 2004, 30(4): 475 – 478.

Wilson HM, Street HE. The growth, anatomy and morphogenetic potential of callus and cell suspension cultures of *Hevea brasiliensis*[J]. *Physiologia Plantarum*, 1974, 36: 399 – 402.

Wilson ZA, Power JB. Elimination of systemic contamination in explants and protoplast cultures of rubber (*Hevea brasiliensis*) Muell. Arg. [J]. *Plant Cell Reports*, 1989, 7: 622 – 625.

Yeang HY, Arokiaraj P, Hafsah J, et al. Expression of a functional recombinant antibody fragment in the latex of transgenic *Hevea brasiliensis*[J]. *J Rubber Res*, 2002, 5: 215 – 225

**图书在版编目（CIP）数据**

油桐分子生物学研究／汪阳东，陈益存，姚小华等编著. —北京：中国林业出版社，2012.8

ISBN 978 – 7 – 5038 – 6723 – 1

Ⅰ. ①油…　Ⅱ. ①汪… ②陈… ③姚…　Ⅲ. ①三年桐 – 分子生物学 – 研究　Ⅳ. ①S794.301

中国版本图书馆 CIP 数据核字（2012）第 201241 号

---

**中国林业出版社·自然保护图书出版中心**

**策划编辑：刘家玲**

**责任编辑：张　锴　刘家玲**

---

| | |
|---|---|
| **出版** | 中国林业出版社（100009　北京西城区刘海胡同7号） |
| **电话** | 010-83225836、83280498 |
| **发行** | 新华书店北京发行所 |
| **印刷** | 北京中科印刷有限公司 |
| **版次** | 2012 年 9 月第 1 版 |
| **印次** | 2012 年 9 月第 1 次 |
| **开本** | 787mm×1092mm，1/16 |
| **印张** | 10.25 |
| **彩插** | 8P |
| **字数** | 190 千字 |
| **印数** | 1～1000 册 |
| **定价** | 39.00 元 |